Sommaire

Les bons réflexes

BAC ST2S

Réflexe

Terminale

Mathématiques

Jean-Luc Dianoux
Muriel Dorembus

Nathan

Étude de fonctions

Fonctions exponentielles ; fonction logarithme décimal

Sujets du BAC

Édition : Florence Guichard
Coordination artistique : Évelyn Audureau
Fabrication : Maria Pauliat
Conception intérieure : Élodie Breda / Évelyn Audureau
Conception couverture : Vincent Rioult
Mise en pages : Jouve

25 avenue Pierre de Coubertin, 75013 Paris
ISBN : 978-2-09-165150-7

Les conseils des auteurs

Ce mémo comporte toutes les notions nécessaires à la réussite de l'épreuve de Mathématiques en ST2S : des fiches synthétiques de cours associées à des exercices d'application. En fin d'ouvrage, un sujet de bac corrigé vous permet de vous entraîner à l'épreuve du BAC.

1 Pour les révisions

- **Relisez les pages de cours** concernées. Le cours doit être su : il y a des connaissances sans lesquelles on ne peut pas faire les exercices proposés.
- **Certaines formules sont à connaître par cœur**. L'antisèche électronique qu'est votre calculatrice ne doit être qu'une roue de secours en cas de trou de mémoire. De plus, on utilise correctement une formule seulement lorsqu'on la connaît bien.
- **Refaites les exercices types**. Vous ne devez pas vous contenter de relire les exercices corrigés, il faut les refaire pour vous confronter à d'éventuelles lacunes qu'il faudrait combler.

« Parcourir et relire » simplement un exercice, sans le refaire, sans passer par l'écrit ne sert à rien ; il donne l'illusion de « savoir faire ». La feuille et le stylo sont indispensables en mathématiques.

- **Affinez votre entraînement** en faisant plusieurs exercices portant sur un même thème.

Ces conseils sont valables pour chaque partie du programme.

2 À propos de la calculatrice

La calculatrice est un outil indispensable et très performant.

- **Vous devez savoir utiliser parfaitement la calculatrice**.
- **Utilisez durant l'année la calculatrice que vous aurez le jour du bac.**

Chaque « marque » et modèle de calculatrice s'utilise différemment ; il faut donc s'être entraîné toute l'année avec sa calculatrice, c'est-à-dire avec celle que l'on utilisera le jour du bac.

3 En cas de « blocage »

• **N'hésitez pas à passer les questions auxquelles vous ne savez pas répondre** ; vous pourrez y revenir plus tard dans l'épreuve.

Il n'y a pas de questions dites à « tiroir » dans les énoncés : si vous n'êtes pas parvenu à répondre à la question 1, vous pourrez quand même faire la question 2. On peut s'approprier les éléments de réponses qui figurent tout au long de l'exercice.

• **Notez les éléments de votre raisonnement**. Pour les questions qui vous semblent difficiles, faites apparaître sur la copie certains éléments de votre raisonnement, même s'ils ne sont pas aboutis : ces éléments peuvent rapporter des points.

• N'oubliez pas que le correcteur cherche à mettre des points et non pas à en enlever.

4 Pour la rédaction de la copie

• La présentation doit être claire.

• Les questions doivent être numérotées.

• Les résultats et/ou les conclusions doivent apparaître nettement.

• La résolution d'une question ne doit pas être une succession de termes ou de symboles mathématiques ; un minimum de texte est nécessaire :

❶ On annonce ce que l'on va faire, par exemple : « Calculons la dérivée de f », « Montrons que la suite est géométrique »…

❷ On enchaîne les calculs ou les raisonnements par « on sait que… », « alors », « soit », « on en déduit ».

❸ On conclut par « donc », « d'où »…

• La clarté des raisonnements et la qualité de la rédaction de la copie sont très importantes.

• Préférez les phrases courtes et faites attention à l'orthographe, même pour l'épreuve de mathématiques !

5 La veille de l'épreuve

• **Abordez l'épreuve calmement, concentré et en confiance.**

• Il faut gérer son stress pour optimiser ses résultats. Vous pouvez, pour cela, prendre quelques mesures la veille.

• **Vérifiez votre calculatrice** et votre matériel : prenez des piles de rechange, on ne sait jamais…

- **Assurez-vous de disposer d'un matériel en bon état** (une règle, des stylos, un correcteur, des crayons, une gomme…). Aucun partage de matériel n'est autorisé pendant l'épreuve.
- **Ne révisez pas la veille, surtout si vous êtes sujet au stress** : cela n'apporte rien de plus, sinon d'éventuels doutes. Vous auriez peut-être l'impression de ne plus rien savoir, vous pourriez paniquer si vous n'arrivez pas à résoudre les exercices.
- Passez une bonne nuit pour être en confiance le lendemain.
- N'écoutez pas les rumeurs de sujets possibles et les angoisses des autres. C'est avec le travail fourni tout au long de l'année que l'on réussit le bac.

6 Le jour de l'épreuve

- **Gérez votre temps, c'est essentiel** : la montre est indispensable. Une bonne organisation vous permettra d'éviter la panique. Vous devez rester calme : l'épreuve est calibrée de façon à ce que vous ayez le temps de faire tous les exercices.
- **Concentrez-vous** avant même la distribution du sujet, en commençant par exemple à remplir le cartouche de vos copies (ce sera d'ailleurs autant de temps économisé pour la suite).
- Après la distribution, **parcourez l'ensemble du sujet, pour repérer les exercices qui vous semblent les plus faciles** et ceux qui, selon vous, vous poseront plus de difficultés.
- Essayez d'évaluer le temps qu'il vous faudra pour chacun des exercices, en gardant toujours un peu de marge (dont au moins 10 à 15 minutes pour tout relire à la fin).
- **Établissez un ordre pour réaliser les exercices :** commencez par les exercices que vous savez faire, afin de vous mettre en confiance.
- Dans tous les cas, **il est important de bien lire la totalité des questions : celles-ci sont souvent liées entre elles**, et comprendre où l'on veut vous amener peut vous donner des indications sur la démarche à suivre.

Il est important d'avoir une vision globale de l'exercice ; de plus, souvent, certains éléments de réponse figurent dans l'énoncé.

Bon courage et bonne chance à vous.

Les auteurs

L'épreuve de Mathématiques de la série Sciences et technologies de la santé et du social (ST2S)

Durée : 2 heures, **coefficient :** 3.

a) Objectifs de l'épreuve

L'épreuve est destinée à évaluer la façon dont vous avez atteint les grands objectifs de formation mathématiques visés par le programme de la série ST2S :

- entraîner à la lecture active de l'information, à sa critique, à son traitement ;
- former à l'activité scientifique par l'acquisition de méthodes d'observation, en développant une analyse et une réflexion critiques ;
- apprendre à situer et intégrer l'usage des outils informatiques dans une démarche scientifique ;
- développer les capacités de communication.

b) Présentation de l'épreuve

• Le sujet comporte trois exercices, indépendants les uns des autres, portant sur les différentes parties du programme, notés chacun sur 5 à 8 points, pouvant comporter plusieurs questions. Le barème de chaque exercice est indiqué sur le sujet.

• L'un des 3 exercices peut se présenter sous la forme d'un QCM. Dans ce cas, **aucune justification n'est demandée** et seule la réponse choisie doit figurer sur la copie, c'est-à-dire le numéro de la question, puis la lettre correspondant à la réponse. Il est inutile d'en dire plus, les correcteurs ne liront pas…

Une réponse fausse n'enlève pas de point, si on ne trouve pas, on peut donc tenter de répondre au hasard.

c) Calculatrices et formulaires

• L'autorisation ou l'interdiction de l'usage de la calculatrice est indiquée sur la première page du sujet.

• Il n'y a pas de formulaire de mathématiques pour cette épreuve. En fonction de la nature des exercices, des formules peuvent être données dans le corps du sujet ou en annexe.

BO n°4 du 24 janvier 2008

1 Calculer un pourcentage

Mémoriser

1 Ce qu'il faut savoir

- Un pourcentage p (appelé aussi proportion ou fréquence) peut s'écrire sous forme fractionnaire ou décimale. Par exemple, $23\ \% = \frac{23}{100} = 0{,}23$.
- Prendre un pourcentage p d'une grandeur A revient à calculer $p \times A$, où p est écrit sous forme décimale. Par exemple, pour calculer 18 % de 36 euros, on écrit : $18\ \% = \frac{18}{100} = 0{,}18$ et $0{,}18 \times 36 = 6{,}48$ €.

2 Comment compléter un tableau d'effectifs ?

Une situation : énoncé de l'exercice

Dans une classe de Terminale de 30 élèves : 80 % des élèves sont des filles, 25 élèves désirent devenir infirmiers ou infirmières, 3 filles veulent devenir secrétaires médicales, aucun garçon ne le veut, tous les garçons de la classe veulent devenir infirmiers, excepté l'un d'entre eux. Compléter le tableau ci-contre.

Métier projeté \ Sexe	Garçon	Fille	Total
Infirmier(e)			
Secrétaire médical(e)			
Autre			
Total			

Méthode pour résoudre l'exercice

- **On place dans le tableau les effectifs donnés dans l'énoncé :** l'effectif total de la classe est 30, l'effectif total d'élèves souhaitant devenir d'infirmier(e)s est 25, l'effectif de filles souhaitant devenir secrétaires est 3, l'effectif de garçons souhaitant devenir secrétaires est 0.

Métier projeté \ Sexe	Garçon	Fille	Total
Infirmier(e)	5	20	25
Secrétaire médical(e)	0	3	3
Autre	1	1	2
Total	6	24	30

- **On détermine l'effectif correspondant au pourcentage donné :** l'effectif total de filles est $30 \times 0{,}8 = 24$.
- **On en déduit par soustraction ou addition les autres effectifs.**

S'entraîner

Exercice 1

La feuille de calculs présente la composition d'un pot de 320 g de pesto.

◇	A	B	C
1	basilic	37,50%	
2	huile de tournesol	26%	
3	huile d'olive	9,50%	
4	fromages divers	6%	
5	ingrédients divers	21%	

1. Calculer le poids, en g, de chacun des composants.

2. Quelle formule peut-on entrer dans la cellule C1 et recopier vers le bas jusqu'à la cellule C5 pour retrouver les résultats précédents ?

Solution

1. Basilic : $320 \times 0{,}375 = 120$ g ;
huile de tournesol : $320 \times 0{,}26 = 83{,}2$ g ;
huile d'olive : $320 \times 0{,}095 = 30{,}4$ g ;
fromages divers : $320 \times 0{,}06 = 19{,}2$ g ;
ingrédients divers : $320 \times 0{,}21 = 67{,}2$ g.

2. On entre dans la cellule C1 la formule =B1*320 .

Exercice 2

Dans un centre médico-social, on a étudié 308 cas d'hospitalisation pour ingestion de produits toxiques chez l'enfant de 0 à 5 ans :

Âge \ Sexe	Garçon	Fille	Total
0 à 12 mois			
1 à 3 ans			
3 à 5 ans			
Total			

- 180 enfants sont des garçons ;
- 37,5 % des filles sont âgées de 3 à 5 ans ;
- parmi les enfants de 3 à 5 ans, un tiers sont des filles ;
- 25 % des enfants sont des filles de 1 à 3 ans ;
- parmi les enfants de 0 à 12 mois, il y a autant de filles que de garçons.

Compléter le tableau d'effectifs.

Solution p. 90

Exercice 3

La feuille de calculs présente la répartition des décès en France selon l'âge pendant la période du 1er au 20 août 2003 (période de canicule).

◇	A	B	C
1	Âge	Nombre de décès	Pourcentage de décès
2	Moins de 45 ans	1848	
3	Entre 45 et 74 ans	11241	
4	Plus de 74 ans	28532	
5	Total	41621	

1. Calculer le pourcentage de décès selon chaque tranche d'âge (arrondir à 0,01 % près).

2. Quelle formule peut-on entrer dans la cellule C2 et recopier vers le bas pour retrouver les résultats précédents ?

Solution p. 90

2 Calculer un taux d'évolution

Mémoriser

1 Ce qu'il faut savoir

Soit y_1 et y_2 deux nombres réels strictement positifs.

- La variation absolue de y_1 à y_2 est le nombre $y_2 - y_1$.
- Le taux d'évolution (ou « pourcentage d'évolution » ou « variation relative ») de y_1 à y_2 est le nombre $t = \dfrac{y_2 - y_1}{y_1}$, où t est un nombre réel supérieur à -1 qui peut être écrit sous forme fractionnaire, décimale ou de pourcentage :

• Si $t < 0$, l'évolution de y_1 à y_2 est une baisse ;
• Si $t > 0$, l'évolution de y_1 à y_2 est une hausse.

2 Comment calculer un taux d'évolution ?

Une situation : énoncé de l'exercice

En France, le prix moyen de la baguette de pain est passé de 0,75 € en 2003 à 0,95 € en 2010.

1. Calculer la variation absolue du prix moyen de la baguette de 2003 à 2010 ; conclure par une phrase.

2. Calculer, arrondi à 0,1 % près, le taux d'évolution du prix moyen de la baguette de 2003 à 2010 ; conclure par une phrase.

Méthode pour résoudre l'exercice

1. • On identifie les nombres y_1 et y_2 :

$y_1 = 0{,}75$ et $y_2 = 0{,}95$.

• On calcule $y_2 - y_1$:

$y_2 - y_1 = 0{,}95 - 0{,}75 = 0{,}2$.

• On interprète le résultat par une phrase :

De 2003 à 2010, le prix moyen de la baguette a augmenté de 20 centimes.

2. • On calcule $\dfrac{y_2 - y_1}{y_1}$ sous forme décimale, puis sous forme de pourcentage :

$\dfrac{y_2 - y_1}{y_1} = \dfrac{0{,}95 - 0{,}75}{0{,}75} \approx 0{,}267$, soit environ 26,7 %.

• On conclut en précisant si cette évolution est une hausse (lorsque le résultat est positif) ou une baisse (lorsque le résultat est négatif) :

De 2003 à 2010, le prix moyen de la baguette a augmenté d'environ 26,7 %.

S'entraîner

Exercice 1

Une entreprise de 50 salariés se restructure et licencie 8 personnes.
Calculer le taux d'évolution du nombre de salariés de l'entreprise après les licenciements.
Conclure par une phrase.

Solution

On note y_1 le nombre de salariés de l'entreprise avant les licenciements et y_2 le nombre de salariés de l'entreprise après les licenciements.
Ainsi, $y_1 = 50$ et $y_2 = 50 - 8 = 42$.

$$\frac{y_2 - y_1}{y_1} = \frac{-8}{50} = -0{,}16 = -16\ \%.$$

Après les licenciements, le personnel de l'entreprise a diminué de 16 %.

Exercice 2

1. Le chiffre d'affaires annuel d'une officine est passé en un an de 600 000 € à 630 000 €.
Calculer le taux d'évolution du chiffre d'affaires annuel de cette officine.

2. Cette pharmacie employait 5 hommes et 1 femme il y a cinq ans. Elle emploie aujourd'hui 4 femmes et 2 hommes.
Calculer le taux d'évolution de son effectif d'hommes.

Solution p.91

Exercice 3

La feuille de calculs permet de comparer, sur une année, l'évolution du prix moyen de certains médicaments dans une même pharmacie.

◇	A	B	C	D	E
1	Médicaments	Prix (en €) l'année 1	Prix (en €) l'année 2	Variation absolue du prix	Taux d'évolution du prix
2	A	10,00	9,50		
3	B	7,50	9,00		
4	C	13,50	12,00		
5	D	11,00	11,50		
6	E	5,00	5,50		

1. Compléter les colonnes D et E de la feuille de calculs (arrondir les taux à 0,01 % près).

2. Quelles formules peut-on entrer dans les cellules D2 et E2 et recopier vers le bas pour retrouver les résultats précédents ?

Solution p.91

3 Utiliser un coefficient multiplicatif

Mémoriser

1 Ce qu'il faut savoir

Soit y_1 et y_2 deux nombres réels strictement positifs et t le taux d'évolution de y_1 à y_2.

- Le coefficient multiplicatif de y_1 à y_2 est le nombre $1 + t$.
- L'égalité reliant y_2 à y_1 et t s'écrit $y_2 = (1 + t)y_1$, où $(1 + t)$ est appelé le coefficient multiplicatif de y_1 à y_2.
- Le coefficient multiplicatif est un nombre strictement positif :
s'il est inférieur à 1, l'évolution de y_1 à y_2 est une baisse ;
s'il est supérieur à 1, l'évolution de y_1 à y_2 est une hausse.

2 Comment utiliser un coefficient multiplicatif ?

Une situation : énoncé de l'exercice

Deux articles *A* et *B* coûtent respectivement 45 € et 60 €. L'article *A* augmente de 12 % et l'article *B* diminue de 7 %.

1. Calculer le nouveau prix de l'article *A*.
2. Calculer le nouveau prix de l'article *B*.

Méthode pour résoudre l'exercice

1. • On identifie le nombre y_1 et on écrit t sous forme décimale :
$y_1 = 45$ et $t = 0{,}12$.

• On en déduit le coefficient multiplicatif :
$1 + 0{,}12 = 1{,}12$.

• On utilise l'égalité $y_2 = (1 + t)y_1$:
$y_2 = 45 \times (1 + 0{,}12) = 45 \times 1{,}12 = 50{,}4$.

• On conclut par une phrase :
Le prix de l'article *A* après augmentation de 12 % est 50,40 €.

2. • On identifie le nombre y_1 et on écrit t sous forme décimale :
$y_1 = 60$ et $t = -0{,}07$.

• On en déduit le coefficient multiplicatif :
$1 - 0{,}07 = 0{,}93$.

• On utilise l'égalité $y_2 = (1 + t)y_1$:
$y_2 = 60 \times (1 - 0{,}07) = 60 \times 0{,}93 = 55{,}8$.

• On conclut par une phrase :
Le prix de l'article *B* après diminution de 7 % est 55,80 €.

S'entraîner

Exercice 1

Dans une entreprise, le volume des ventes du secteur « animations » étaient de 220 unités en 2010. Il a augmenté de 15 % de 2010 à 2011. Calculer le volume des ventes en 2011.

Solution

On note y_1 le volume des ventes en 2010, y_2 le volume des ventes en 2011 et t le taux d'évolution des ventes de 2010 à 2011.
Ainsi, $y_1 = 220$, $t = 0{,}15$ et $y_2 = 220 \times (1 + 0{,}15) = 220 \times 1{,}15 = 253$.
Le volume des ventes de l'entreprise en 2011 est de 253 unités.

Exercice 2

Un diffuseur de logiciels accorde en début d'année une réduction de 4 % sur toute commande d'un montant supérieur à 300 €.
Déterminer le prix à payer si la commande s'élève à 540 €.

Solution p.91

Exercice 3

Une agglomération compte 25 000 habitants aujourd'hui. On prévoit que le nombre habitants sera multiplié par 1,4 dans 5 ans.

1. Déterminer le taux d'évolution du nombre d'habitants sur les 5 ans.
2. Calculer le nombre d'habitants de l'agglomération dans 5 ans.

Solution p.92

Exercice 4

En janvier, un bouquet de 10 roses coûtait 32 €. Il est multiplié par 0,75 entre janvier et mars.

1. Déterminer le taux d'évolution du prix du bouquet de janvier à mars.
2. Calculer le prix du bouquet au mois de mars.

Solution p.92

Exercice 5

Le prix d'une marchandise *A* est de 103,50 € après une augmentation de 15 % et celui d'une marchandise *B* de 132 € après une diminution de 20 %. Calculer leurs prix initiaux.

Solution p.92

4 Calculer un terme d'une suite arithmétique

Mémoriser

1 Ce qu'il faut savoir

▌Une suite arithmétique (u_n) de raison a est une suite dans laquelle chaque terme, sauf le premier, est obtenu en ajoutant le même nombre réel a au terme précédent.
Pour tout nombre entier naturel n (non nul si le premier terme est u_1), $u_{n+1} = u_n + a$.

▌Le terme de rang n d'une suite arithmétique (u_n) de raison a est :
$u_n = u_0 + na$ lorsque le premier terme de la suite est u_0 ;
$u_n = u_1 + (n-1)a$ lorsque le premier terme de la suite est u_1.

2 Comment calculer un terme d'une suite arithmétique ?

Une situation : énoncé de l'exercice

1. On considère une suite arithmétique (u_n) de raison -2 telle que $u_4 = 20$.
Calculer u_5.

2. On considère la suite arithmétique (u_n) de premier terme $u_0 = -2$ et de raison 5.
Calculer u_{10}.

3. On considère la suite arithmétique (u_n) de premier terme $u_1 = 3$ et de raison -2.
Calculer u_8.

Méthode pour résoudre l'exercice

1. On utilise l'égalité $u_{n+1} = u_n + a$, car on connaît le terme précédent :
On a $u_4 = 20$ et $a = -2$,
donc $u_5 = u_4 + (-2) = 20 - 2 = 18$.

2. On utilise la formule $u_n = u_0 + na$, car on connaît le 1er terme u_0 :
On a $u_0 = -2$, $a = 5$ et $n = 10$,
donc $u_{10} = -2 + 10 \times 5 = 48$.

3. On utilise la formule $u_n = u_1 + (n-1)a$, car on connaît le 1er terme u_1 :
On a $u_1 = 3$, $a = -2$ et $n = 8$,
donc $u_8 = 3 + (8-1) \times (-2) = 3 + 7 \times (-2) = -11$.

S'entraîner

Exercice 1

On considère la suite arithmétique (u_n) de 1er terme $u_0 = -5$ et de raison 13.

1. Calculer les termes de rangs 1 à 6 et reporter les résultats dans le tableau.

2. Quelle formule peut-on entrer dans la cellule B2 et recopier vers le bas jusqu'à la cellule B7 pour retrouver les résultats de la question **1.** ?

3. Déterminer le terme de rang n de la suite (u_n).

	A	B
1	0	-5
2	1	
3	2	
4	3	
5	4	
6	5	
7	6	

Solution

1. $u_1 = -5 + 13 = 8$, $u_2 = 8 + 13 = 21$,
$u_3 = 21 + 13 = 34$, $u_4 = 34 + 13 = 47$,
$u_5 = 47 + 13 = 60$, $u_6 = 60 + 13 = 73$.

2. On entre dans la cellule B2 la formule =B1 + 13.

3. Le 1er terme de la suite est u_0, donc $u_n = u_0 + na$, avec $u_0 = -5$ et $a = 13$. Ainsi, $u_n = -5 + 13n$.

Exercice 2

(u_n) est la suite arithmétique de 1er terme $u_1 = -1{,}6$ et de raison -3.

1. Déterminer le terme de rang n de la suite (u_n).

2. Compléter le tableau suivant.

	A	B	C	D	E	F	G	H
1	n	1	2	3	4	5	6	7
2	u_n							

3. Quelle formule peut-on entrer dans la cellule B2 et recopier vers la droite jusqu'à la cellule H2 pour retrouver les résultats de la question **2.** ?

Solution p.92

Exercice 3

(u_n) est la suite arithmétique de 1er terme $u_0 = -7$ et de raison $-1{,}2$.

1. Déterminer le terme de rang n de la suite (u_n).

2. Compléter le tableau suivant.

	A	B	C	D	E	F	G	H
1	n	0	1	2	3	4	5	6
2	u_n							

3. Quelle formule peut-on entrer dans la cellule B2 et recopier vers la droite jusqu'à la cellule H2 pour retrouver les résultats de la question **2.** ?

Solution p.93

5 Montrer qu'une suite est arithmétique

Mémoriser

1 Ce qu'il faut savoir

Une suite est arithmétique si pour tout nombre entier naturel n, la différence entre deux termes consécutifs $u_{n+1} - u_n$ est égale à un nombre réel non nul qui est la raison de la suite.

Ainsi, si $u_{n+1} - u_n = a$, où a un nombre réel non nul, c'est-à-dire si $u_{n+1} = u_n + a$, alors la suite (u_n) est arithmétique de raison a.

2 Comment montrer qu'une suite est arithmétique ?

Une situation : énoncé de l'exercice

La population d'une ville A est estimée à 10 000 habitants. En analysant l'évolution récente, on fait l'hypothèse que la population de la ville va augmenter de 500 habitants par an.

On note $u_0 = 10\,000$ la population actuelle et u_n la population dans n années.

La suite (u_n) est-elle arithmétique ?
Si oui, préciser le premier terme et la raison.

Méthode pour résoudre l'exercice

- **On détermine le premier terme u_0 ou u_1 (donnée de l'énoncé) :**
la population actuelle est 10 000 habitants et l'énoncé donne $u_0 = 10\,000$.

- **On utilise l'énoncé pour justifier la relation $u_{n+1} = u_n + a$:**
u_n correspond à la population dans n années et u_{n+1} à la population dans $(n + 1)$ années.
L'énoncé précise que la population augmente de 500 habitants par an, donc $u_{n+1} = u_n + 500$.

- **On en déduit que la suite (u_n) est une suite arithmétique et on précise son premier terme et sa raison a :**
la suite (u_n) est une suite arithmétique, de premier terme $u_0 = 10\,000$ et de raison $a = 500$.

S'entraîner

Exercice 1

On considère la suite (u_n) définie pour tout nombre entier naturel n par $u_n = 8n - 5$.

1. Ouvrir une feuille de calcul d'un tableur et déterminer les valeurs successives de n dans la colonne A (pour $0 \leq n \leq 9$), puis les termes u_n correspondants dans la colonne B.

2. Déterminer dans la colonne C les différences entre deux termes consécutifs.

3. Les termes de rangs 0 à 9 de la suite (u_n) sont-ils les termes consécutifs d'une suite arithmétique ?

Solution

1. On entre les valeurs 0 et 1 dans les cellules A1 et A2 ; on sélectionne ces deux cellules, puis on les recopie vers le bas jusqu'à la cellule A10. On entre la formule =8*A1–5 dans B1, puis on la recopie vers le bas.

◇	A	B	C
1	0	-5	
2	1	3	8
3	2	11	8
4	3	19	8
5	4	27	8
6	5	35	8
7	6	43	8
8	7	51	8
9	8	59	8
10	9	67	8

2. On entre la formule =B2–B1 dans C2, puis on la recopie vers le bas.

3. Les termes de rangs 0 à 9 de la suite (u_n) sont bien les termes consécutifs d'une suite arithmétique, de raison $a = 8$.

Exercice 2

Un journal, vendu exclusivement sur abonnement, possède 25 000 abonnés au début de l'année 2010. Le service des abonnements estime que d'une année sur l'autre, il perd 1 500 abonnés. On note a_0 le nombre d'abonnés en 2010, a_1 le nombre d'abonnés en 2011, …, a_n le nombre d'abonnés en 2010 + n.

1. Calculer a_1 et a_2, puis exprimer a_{n+1} en fonction de a_n.

2. En déduire que (a_n) est une suite arithmétique. Préciser sa raison.

Solution p. 93

Exercice 3

Le tableau donne le nombre d'adhérents à un club sportif.

Année	2006	2007	2008	2009	2010
Nombre d'adhérents	160	185	210	235	260

1. Montrer que les nombres 160 ; 185 ; 210 ; 235 et 260, écrits dans cet ordre, forment une suite arithmétique de raison a que l'on déterminera.

2. On s'attend à ce que l'évolution du nombre des adhérents se poursuive au même rythme au cours des deux années suivantes.
Calculer les nombres théoriques d'adhérents au club en 2011 et 2012.

Solution p. 93

6 Représenter graphiquement une suite arithmétique

Mémoriser

1 Ce qu'il faut savoir

On considère une suite arithmétique (u_n) dont on connaît le premier terme et la raison a.
Dans le plan rapporté à un repère, les points de coordonnées $(n\,;\,u_n)$ de la suite (u_n) sont situés sur une droite de coefficient directeur a.

2 Comment réaliser une représentation graphique d'une suite arithmétique ?

Une situation : énoncé de l'exercice

1. On considère la suite arithmétique (u_n) de premier terme $u_1 = 6$ et de raison -2. Réaliser une représentation graphique de la suite (u_n).
2. On considère la suite arithmétique (v_n) de premier terme $v_0 = 1$ et de raison 1. Réaliser une représentation graphique de la suite (v_n).

Méthode pour résoudre l'exercice

1. • On détermine les coordonnées $(1\,;\,u_1)$ du 1er point de la suite :
puisque $u_1 = 6$, on place le point de coordonnées $(1\,;\,6)$.
• On trace la droite passant par ce point et de coefficient directeur a :
on trace la droite passant par le point de coordonnées $(1\,;\,6)$ et de coefficient directeur -2.
• On place sur cette droite quelques points de la suite de coordonnées $(2\,;\,u_2)$, $(3\,;\,u_3)$, etc.

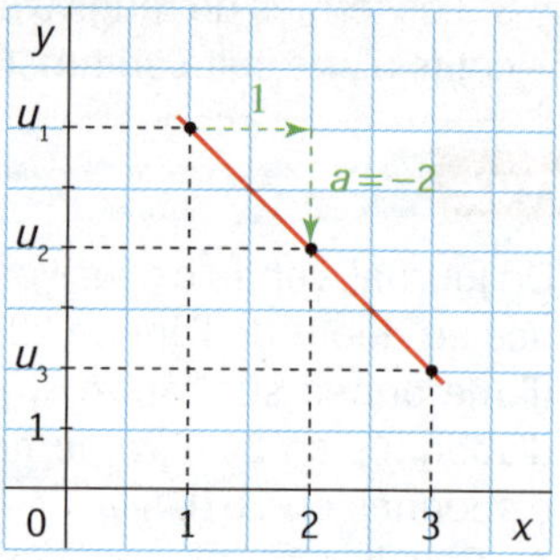

2. • On détermine les coordonnées $(0\,;\,v_0)$ du 1er point de la suite :
puisque $v_0 = 1$, on place le point de coordonnées $(0\,;\,1)$.
• On trace la droite passant par ce point et de coefficient directeur a :
on trace la droite passant par le point de coordonnées $(0\,;\,1)$ et de coefficient directeur 1.
• On place sur cette droite quelques points de la suite de coordonnées $(1\,;\,v_1)$, $(2\,;\,v_2)$, etc.

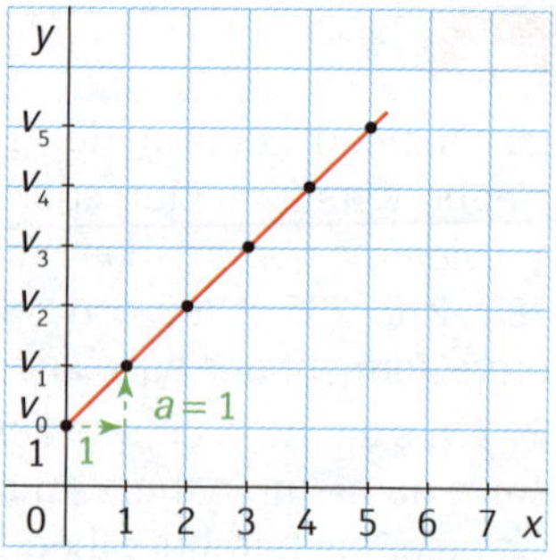

S'entraîner

Exercice 1

Représenter à l'aide d'un tableur les termes de rangs 0 à 6 de la suite arithmétique u_n de premier terme $u_0 = 2$ et de raison 1.

Solution

Le terme de rang n de la suite (u_n) est $u_n = 2 + n$.

• On détermine les termes de rangs 0 à 6 de la suite (u_n).

On entre les valeurs 0 et 1 dans les cellules A1 et A2 ; on sélectionne ces deux cellules, puis on tire la poignée de remplissage vers le bas jusqu'à la cellule A7.

On entre la formule =A1+2 dans la cellule B1, puis on tire la poignée de remplissage vers le bas jusqu'à la cellule B7.

• On représente graphiquement la suite (u_n).

On sélectionne les colonnes A et B ; on ouvre l'assistant graphique ; on choisit « Type de graphique », puis « Nuage de points » et le sous type « Nuage de points avec marques » ; on clique sur « Terminer ».

◇	A	B
1	0	2
2	1	3
3	2	4
4	3	5
5	4	6
6	5	7
7	6	8

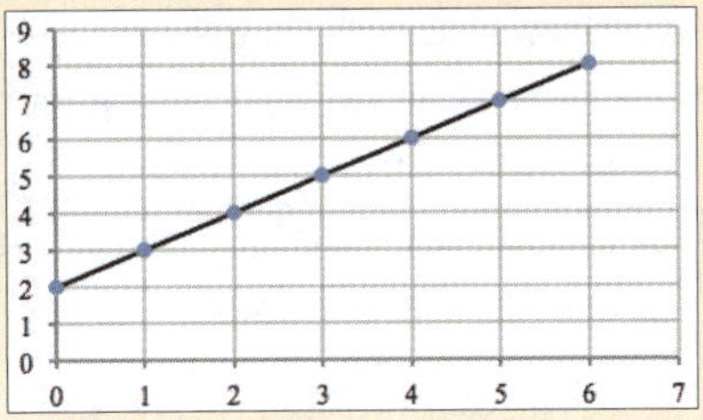

Exercice 2

On considère la suite arithmétique u_n de premier terme $u_0 = 1$ et de raison 1,5. Réaliser une représentation graphique de la suite u_n.

Solution p.93

Exercice 3

On considère la suite arithmétique v_n de premier terme $v_1 = 7$ et de raison -2. Réaliser une représentation graphique de la suite v_n.

Solution p.94

Exercice 4

Représenter à l'aide d'un tableur les termes de rangs 1 à 10 de la suite arithmétique u_n de premier terme $u_1 = 15$ et de raison -3.

Solution p.94

7 Déterminer le sens de variation d'une suite arithmétique

Mémoriser

1 Ce qu'il faut savoir

Soit (u_n) une suite arithmétique de raison a.

- Si $a > 0$, la suite (u_n) est strictement croissante ;
si $a < 0$, la suite (u_n) est strictement décroissante ;
si $a = 0$, la suite (u_n) est constante.

- Dans le plan rapporté à un repère, les points de coordonnées $(n\ ;\ u_n)$ de la suite (u_n) sont situés sur une droite de coefficient directeur a.
Si $a > 0$, la droite « monte » et la suite (u_n) est strictement croissante ;
si $a < 0$, la droite « descend » et la suite (u_n) est strictement décroissante ;
si $a = 0$, la droite est parallèle à l'axe des abscisses et la suite (u_n) est constante.

2 Comment déterminer le sens de variation d'une suite arithmétique à partir de sa raison a ?

Une situation : énoncé de l'exercice

Déterminer le sens de variation de chacune des suites (a_n), (b_n) et (c_n).

1. (a_n) est la suite arithmétique de premier terme $a_0 = 4$ et de raison -7.

2. (b_n) est la suite arithmétique de premier terme $b_1 = -3$ et de raison 0,9.

3. (c_n) est la suite arithmétique de premier terme $c_0 = 1{,}3$ et de raison -51.

Méthode pour résoudre l'exercice

1. • **On détermine le signe de la raison a de la suite :**
$a = -7 < 0$.
• **On en déduit le sens de variation de la suite :**
puisque $a < 0$, la suite (a_n) est strictement décroissante.

2. • **On détermine le signe de la raison a de la suite :**
$a = 0{,}9 > 0$.
• **On en déduit le sens de variation de la suite :**
puisque $a > 0$, la suite (b_n) est strictement croissante.

3. • **On détermine le signe de la raison a de la suite :**
$a = -51 < 0$.
• **On en déduit le sens de variation de la suite :**
puisque $a < 0$, la suite (c_n) est strictement décroissante.

Exercice 1

Les points d'abscisses entières positives ou nulles de chacune des droites tracées Δ et Δ' représentent deux suites arithmétiques (u_n) et (v_n).

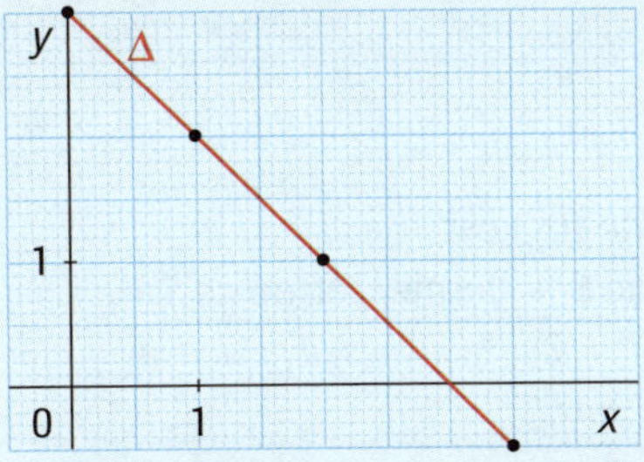

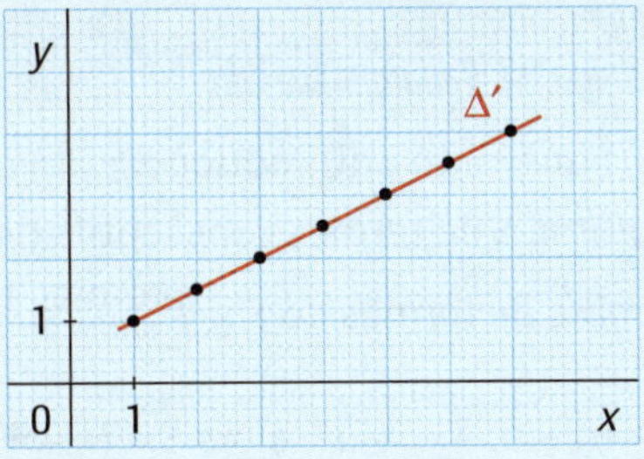

1. Déterminer graphiquement le sens de variation de (u_n), puis son premier terme et sa raison.
2. Déterminer graphiquement le sens de variation de (v_n), puis son premier terme et sa raison.

Solution

1. Puisque la droite Δ « descend », la suite (u_n) est strictement décroissante.
L'ordonnée du point d'abscisse 0 de Δ est le premier terme, donc $u_0 = 3$.
Le coefficient directeur de Δ est la raison, donc $a = -1$.
2. Puisque la droite Δ' « monte », la suite (v_n) est strictement croissante.
L'ordonnée du point d'abscisse 1 de Δ' est le premier terme, donc $v_1 = 1$.
Le coefficient directeur de Δ' est la raison, donc $a = 0{,}5$.

Exercice 2

Les points d'abscisses entières positives ou nulles de la droite représentent une suite arithmétique (u_n).
Déterminer graphiquement le sens de variation de (u_n), puis son premier terme et sa raison.

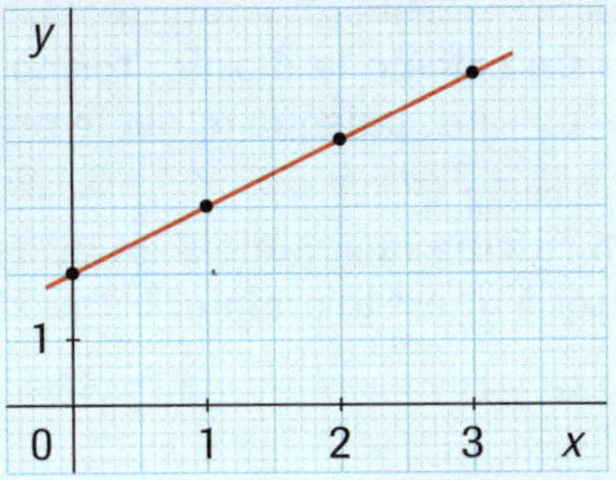

Solution p.95

Exercice 3

Déterminer le sens de variation de chacune des suites (u_n), (v_n) et (w_n).

1. (u_n) est la suite arithmétique de premier terme $u_0 = -1$ et de raison 4,1.
2. (v_n) est la suite arithmétique de premier terme $v_1 = 0$ et de raison 3.
3. (w_n) est la suite arithmétique de premier terme $w_1 = 13$ et de raison -2.

Solution p.95

8 Calculer la somme de termes consécutifs d'une suite arithmétique

Mémoriser

1 Ce qu'il faut savoir

Soit (u_n) une suite arithmétique.

- La somme S de termes consécutifs de la suite (u_n) est :

$$S = \text{nombre de termes de } S \times \frac{\text{premier terme de } S + \text{dernier terme de } S}{2}.$$

- Si $S = u_0 + u_1 + ... + u_n$, alors $S = (n+1) \times \dfrac{u_0 + u_n}{2}$.

Si $S = u_1 + u_2 + ... + u_n$, alors $S = n \times \dfrac{u_1 + u_n}{2}$.

2 Comment calculer la somme de termes consécutifs d'une suite arithmétique ?

Une situation : énoncé de l'exercice

1. Soit (u_n) la suite arithmétique de premier terme $u_0 = 5$ et de raison 3.
Calculer $S = u_0 + u_1 + ... + u_{32}$.

2. Soit (v_n) la suite arithmétique de premier terme $v_1 = -1$ et de raison $-2,5$.
Calculer $S = v_1 + v_2 + ... + v_9$.

Méthode pour résoudre l'exercice

1. • **On calcule le dernier terme de la somme S en utilisant la formule $u_n = u_0 + na$, puisque u_0 est le premier terme de la suite :**
$u_{32} = u_0 + 32a = 5 + 32 \times 3 = 5 + 96 = 101$.

• **On calcule la somme S en utilisant la formule $S = (n+1) \times \dfrac{u_0 + u_n}{2}$, puisque u_0 est le premier terme de la suite :**

$$S = (32 + 1) \times \frac{5 + 101}{2} = 33 \times 53 = 1\,749.$$

2. • **On calcule le dernier terme de la somme S en utilisant la formule $u_n = u_1 + (n-1)a$, puisque u_1 est le premier terme de la suite :**
$v_9 = v_1 + (9-1)a = -1 + 8 \times (-2,5) = -21$.

• **On calcule la somme S en utilisant la formule $S = n \times \dfrac{u_1 + u_n}{2}$, puisque u_1 est le premier terme de la suite :**

$$S = 9 \times \frac{-1-21}{2} = 9 \times (-11) = -99.$$

S'entraîner

Exercice 1

La 1re année, la production d'une entreprise artisanale est de 2 000 unités. On espère une progression de 300 unités par an.

1. Calculer la production de l'entreprise la 2e année.

2. On note p_1 la production de la 1re année et p_n la production de la n-ième année. Montrer que (p_n) est une suite arithmétique et exprimer p_n en fonction de n.

3. Calculer le nombre d'unités produites en 7 ans.

Solution

1. 2 000 + 300 = 2 300.
La production de l'entreprise la 2e année est 2 300 unités.

2. L'énoncé précise que la production augmente de 300 unités par an, donc $p_{n+1} = p_n + 300$.
La suite (p_n) est donc une suite arithmétique, de premier terme $p_1 = 2\,000$ et de raison $a = 300$.
Puisque p_1 est le premier terme de la suite, $p_n = p_1 + (n - 1)a$, soit $p_n = 2\,000 + 300(n - 1) = 1\,700 + 300n$.

3. Le nombre d'unités produites en 7 ans correspond à la somme des 7 premiers termes de la suite (p_n), soit $p_1 + p_2 + \ldots + p_7$.
Or, $p_7 = 1\,700 + 300 \times 7 = 3\,800$.

Ainsi, $p_1 + p_2 + \ldots + p_7 = 7 \times \dfrac{2000 + 3800}{2} = 20\,300$.

Le nombre d'unités produites en 7 ans est 20 300.

Exercice 2

Le premier mois d'ouverture, en janvier, un restaurateur a reçu 110 clients. Il fait l'hypothèse commerciale de servir chaque mois, au cours des 12 mois suivants, 22 couverts de plus que le mois précédent.
On note c_1 le nombre de couverts servis en janvier et c_n le nombre de couverts servis n mois après.

1. Montrer que (c_n) est une suite arithmétique ; préciser son premier terme et sa raison.

2. Exprimer c_n en fonction de n.

3. Calculer le nombre de couverts servis au mois de décembre.

4. Calculer le nombre total de couverts servis en un an.

Solution p.95

9 Calculer un terme d'une suite géométrique

Mémoriser

1 Ce qu'il faut savoir

- Une suite géométrique (u_n) de raison b est une suite dans laquelle chaque terme, sauf le premier, est obtenu en multipliant le terme précédent par un même nombre réel b strictement positif.
Pour tout nombre entier naturel n (non nul si le premier terme est u_1), $u_{n+1} = b \times u_n$.

- Le terme de rang n d'une suite géométrique (u_n) de raison b est :
$u_n = u_0 \times b^n$ lorsque le premier terme de la suite est u_0 ;
$u_n = u_1 \times b^{n-1}$ lorsque le premier terme de la suite est u_1.

2 Comment calculer un terme d'une suite géométrique ?

Une situation : énoncé de l'exercice

1. On considère une suite géométrique (u_n) de raison 3 telle que $u_6 = 0{,}8$.
Calculer u_7.
2. On considère la suite géométrique (u_n) de premier terme $u_0 = -3$ et de raison 2.
Calculer u_9.
3. On considère la suite géométrique (u_n) de premier terme $u_1 = 6$ et de raison 0,7.
Calculer u_5.

Méthode pour résoudre l'exercice

1. On utilise l'égalité $u_{n+1} = b \times u_n$, car on connaît le terme précédent :
on a $u_6 = 0{,}8$ et $b = 3$, donc $u_7 = 3u_6 = 3 \times 0{,}8 = 2{,}4$.

2. On utilise la formule $u_n = u_0 \times b^n$, car on connaît le 1er terme u_0 :
on a $u_0 = -3$, $b = 2$ et $n = 9$, donc $u_9 = -3 \times 2^9 = -1\,536$.

3. On utilise la formule $u_n = u_1 \times b^{n-1}$, car on connaît le 1er terme u_1 :
on a $u_1 = 6$, $b = 0{,}7$ et $n = 5$, donc
$u_5 = 6 \times 0{,}7^{5-1} = 6 \times 0{,}7^4 = 1{,}440\,6$.

S'entraîner

Exercice 1

On considère la suite géométrique (u_n) de 1er terme $u_0 = -0{,}4$ et de raison 2.

◇	A	B
1	0	-0,4
2	1	
3	2	
4	3	
5	4	
6	5	
7	6	

1. Calculer les termes de rangs 1 à 6 et reporter les résultats dans le tableau.

2. Quelle formule peut-on entrer dans la cellule B2 et recopier vers le bas jusqu'à la cellule B7 pour retrouver les résultats de la question **1.** ?

3. Déterminer le terme de rang n de la suite (u_n).

Solution

1. $u_1 = -0{,}4 \times 2 = -0{,}8$, $u_2 = -0{,}8 \times 2 = -1{,}6$, $u_3 = -1{,}6 \times 2 = -3{,}2$, $u_4 = -3{,}2 \times 2 = -6{,}4$, $u_5 = -6{,}4 \times 2 = -12{,}8$ et $u_6 = -12{,}8 \times 2 = -25{,}6$.

2. On entre dans la cellule B2 la formule =B1*2.

3. Le 1er terme de la suite est u_0, donc $u_n = u_0 \times b^n$, avec $u_0 = -0{,}4$ et $b = 2$. Ainsi, $u_n = -0{,}4 \times 2^n$.

Exercice 2

(u_n) est la suite géométrique de 1er terme $u_1 = -12$ et de raison 1,5.

1. Déterminer le terme de rang n de la suite (u_n).

2. Compléter le tableau suivant.

◇	A	B	C	D	E	F	G	H
1	n	1	2	3	4	5	6	7
2	u_n							

3. Quelle formule peut-on entrer dans la cellule B2 et recopier vers la droite jusqu'à la cellule H2 pour retrouver les résultats de la question **2.** ?

Solution p.96

Exercice 3

(u_n) est la suite géométrique de 1er terme $u_0 = 9\,000$ et de raison 0,8.

1. Déterminer le terme de rang n de la suite (u_n).

2. Compléter le tableau suivant.

◇	A	B	C	D	E	F	G	H
1	n	0	1	2	3	4	5	6
2	u_n							

3. Quelle formule peut-on entrer dans la cellule B2 et recopier vers la droite jusqu'à la cellule H2 pour retrouver les résultats de la question **2.** ?

Solution p.96

10 Montrer qu'une suite est géométrique

Mémoriser

1 Ce qu'il faut savoir

Une suite est géométrique si pour tout nombre entier naturel n, le quotient de deux termes consécutifs non nuls $\frac{u_{n+1}}{u_n}$ est égal à un nombre réel non nul b qui est la raison de la suite.

Ainsi, si $\frac{u_{n+1}}{u_n} = b$ ($u_n \neq 0$), où b un nombre réel non nul, c'est-à-dire si $u_{n+1} = bu_n$, alors la suite (u_n) est géométrique de raison b.

2 Comment montrer qu'une suite est géométrique ?

Une situation : énoncé de l'exercice

La population d'une ville B est estimée à 18 000 habitants. En analysant l'évolution récente, on fait l'hypothèse que la population de la ville va augmenter de 4 % par an.

On note $u_0 = 18\,000$ la population actuelle et u_n la population dans n années.

La suite (u_n) est-elle géométrique ?

Si oui, préciser le premier terme et la raison.

Méthode pour résoudre l'exercice

- **On détermine le premier terme u_0 ou u_1 (donnée de l'énoncé) :**
la population actuelle est 18 000 habitants et l'énoncé donne
$u_0 = 18\,000$.

- **On utilise l'énoncé pour justifier la relation $u_{n+1} = bu_n$:**
u_n correspond à la population dans n années et u_{n+1} à la population dans $(n + 1)$ années.
L'énoncé précise que la population augmente de 4 % par an, donc le coefficient multiplicatif associé est $1 + 4\ \% = 1 + 0{,}04 = 1{,}04$ et
$u_{n+1} = 1{,}04\,u_n$.

- **On en déduit que la suite (u_n) est une suite géométrique et on précise son premier terme et sa raison b :**
la suite (u_n) est une suite géométrique, de premier terme
$u_0 = 18\,000$ et de raison $b = 1{,}04$.

S'entraîner

Exercice 1

On considère la suite (u_n) définie pour tout nombre entier naturel n par $u_n = 5^n$.

1. Ouvrir une feuille de calcul d'un tableur et déterminer les valeurs successives de n dans la colonne A (pour $0 \leq n \leq 9$), puis les termes u_n correspondants dans la colonne B.

2. Déterminer dans la colonne C les quotients de deux termes consécutifs.

3. Les termes de rangs 0 à 4 de la suite (u_n) sont-ils les termes consécutifs d'une suite géométrique ?

Solution

1. On entre les valeurs 0 et 1 dans les cellules A1 et A2 ; on sélectionne ces deux cellules, puis on les recopie vers le bas jusqu'à la cellule A5. On entre la formule `=5^A1` dans la cellule B1, puis on la recopie vers le bas jusqu'à la cellule B5.

2. On entre la formule `=B2/B1` dans la cellule C2, puis on la recopie vers le bas jusqu'à la cellule C5.

◇	A	B	C
1	0	1	
2	1	5	5
3	2	25	5
4	3	125	5
5	4	625	5

3. Les termes de rangs 0 à 4 de la suite (u_n) sont bien les termes consécutifs d'une suite géométrique, de raison $b = 5$.

Exercice 2

Un laboratoire d'analyses médicales pratique, pour l'achat d'une de ses machines achetée 5 000 €, l'amortissement fiscal suivant : à la fin de chaque année, la machine perd 15 % de son prix précédent.

On note p_0 le prix d'acquisition du matériel et p_n le prix après n années.

1. Calculer p_1 et p_2, puis exprimer p_{n+1} en fonction de p_n.

2. En déduire que (p_n) est une suite géométrique. Préciser sa raison.

Solution p.97

Exercice 3

Dans un magasin spécialisé en informatique, les ventes d'écrans plats LCD étaient égales à 2 000 en 2008.

Année	2008	2009	2010
Nombre d'écrans plats LCD vendus	2 000	2 200	2 420

1. Montrer que les nombres 2 000 ; 2 200 et 2 420, écrits dans cet ordre, forment une suite géométrique de raison b que l'on déterminera.

2. On s'attend à ce que l'évolution du nombre des ventes se poursuive au même rythme au cours des deux années suivantes. Calculer les nombres théoriques d'écrans plats LCD vendus en 2011 et 2012.

Solution p.97

11 Représenter graphiquement une suite géométrique

1 Ce qu'il faut savoir

On considère une suite géométrique (u_n) dont on connaît le premier terme et la raison b $(b > 0)$.
Dans le plan rapporté à un repère, lorsque $b \neq 1$, les points de coordonnées $(n \, ; u_n)$ de la suite (u_n) sont situés sur une courbe exponentielle.

2 Comment réaliser une représentation graphique d'une suite géométrique ?

Une situation : énoncé de l'exercice

On considère la suite géométrique (u_n) de premier terme $u_0 = 10$ et de raison 0,5. Réaliser une représentation graphique de la suite (u_n).

Méthode pour résoudre l'exercice

• **On calcule les premiers termes u_1, u_2, u_3, … de la suite en utilisant la relation $u_{n+1} = b \times u_n$:**
on a $u_0 = 10$ et on calcule u_1, u_2 et u_3 en utilisant la relation $u_{n+1} = 0{,}5 \times u_n$.
$u_1 = 0{,}5 \times u_0 = 0{,}5 \times 10 = 5$; $u_2 = 0{,}5 \times u_1 = 0{,}5 \times 5 = 2{,}5$;
$u_3 = 0{,}5 \times u_2 = 0{,}5 \times 2{,}5 = 1{,}25$.

• **On place les points de coordonnées $(0 \, ; u_1)$, $(1 \, ; u_1)$, … sur une figure :**
on place les points de coordonnées (0 ; 10), (1 ; 5), (2 ; 2,5) et (3 ; 1,25).

• **On joint harmonieusement ces points pour obtenir une courbe exponentielle :** on trace la courbe passant par ces 4 points.

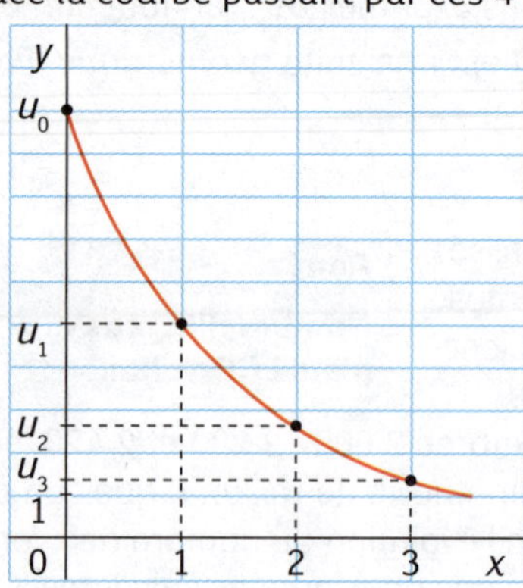

Exercice 1

Représenter à l'aide d'un tableur les termes de rangs 0 à 6 de la suite géométrique (u_n) de premier terme $u_0 = -4$ et de raison 0,5.

Solution

◇	A	B
1	0	-4
2	1	-2
3	2	-1
4	3	-0,5
5	4	-0,25
6	5	-0,125
7	6	-0,0625

• Le terme de rang n de la suite (u_n) est $u_n = -4 \times 0{,}5^n$.

• On détermine les termes de rangs 0 à 6 de la suite (u_n).
On entre les valeurs 0 et 1 dans les cellules A1 et A2 ; on sélectionne ces deux cellules, puis on tire la poignée de remplissage vers le bas jusqu'à la cellule A7.
On entre la formule =−4×0,5^A1 dans la cellule B1, puis on tire la poignée de remplissage vers le bas jusqu'à la cellule B7.

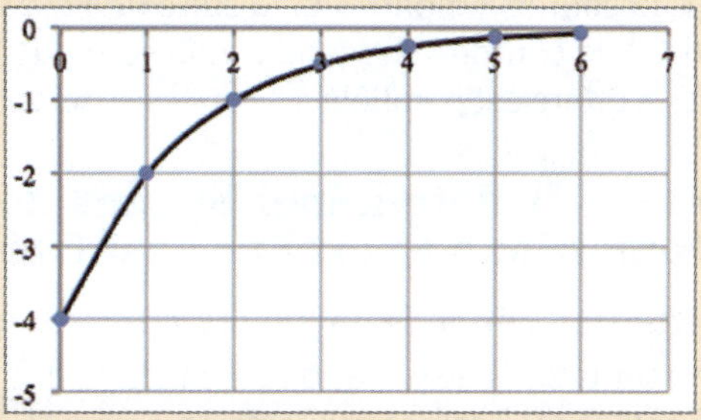

• On représente graphiquement la suite (u_n).
On sélectionne les colonnes A et B ; on ouvre l'assistant graphique ; on choisit « Type de graphique », puis « Nuage de points » et le sous type « Nuage de points avec marques » ; on clique sur « Terminer ».

Exercice 2

On considère la suite géométrique (u_n) de premier terme $u_0 = 1$ et de raison 1,5. Réaliser une représentation graphique de la suite (u_n).

Solution p.97

Exercice 3

On considère la suite géométrique (v_n) de premier terme $v_1 = 0{,}5$ et de raison 2. Réaliser une représentation graphique de la suite (v_n).

Solution p.98

Exercice 4

Représenter à l'aide d'un tableur les termes de rangs 0 à 10 de la suite géométrique (u_n) de premier terme $u_0 = -12$ et de raison 0,75.

Solution p.98

12 Déterminer le sens de variation d'une suite géométrique

Mémoriser

1 Ce qu'il faut savoir

Soit (u_n) une suite géométrique de premier terme et de raison b strictement positifs.

▌Si $b > 1$, alors la suite (u_n) est strictement croissante ;
si $0 < b < 1$, alors la suite (u_n) est strictement décroissante ;
si $b = 1$, alors la suite (u_n) est constante.

▌Dans le plan rapporté à un repère, lorsque $b \neq 1$, les points de coordonnées $(n\,;\,u_n)$ de la suite (u_n) sont situés sur une courbe exponentielle.
Si $b > 1$, la courbe « monte » et la suite (u_n) est strictement croissante ;
si $0 < b < 1$, la courbe « descend » et la suite (u_n) est strictement décroissante ;
si $b = 1$, la droite est parallèle à l'axe des abscisses et la suite (u_n) est constante.

2 Comment déterminer le sens de variation d'une suite géométrique à partir de sa raison *b* ?

Une situation : énoncé de l'exercice

Déterminer le sens de variation de chacune des suites (u_n), (v_n) et (w_n).

1. (u_n) est la suite géométrique de 1er terme $u_0 = 0{,}1$ et de raison 2,7.
2. (v_n) est la suite géométrique de 1er terme $v_1 = -6$ et de raison 0,9.
3. (w_n) est la suite géométrique de 1er terme $w_0 = 0{,}7$ et de raison 0,25.

Méthode pour résoudre l'exercice

1. – On compare à 1 la raison *b* de la suite :
$b = 2{,}7 > 1$.
• On en déduit le sens de variation de la suite :
puisque $b > 1$, la suite (u_n) est strictement croissante.

2. • On compare à 1 la raison *b* de la suite :
$b = 0{,}9$ et $0 < 0{,}9 < 1$.
• On en déduit le sens de variation de la suite :
puisque $0 < b < 1$, la suite (v_n) est strictement décroissante.

3. • On compare à 1 la raison *b* de la suite :
$b = 0{,}25$ et $0 < 0{,}25 < 1$.
• On en déduit le sens de variation de la suite :
puisque $0 < b < 1$, la suite (w_n) est strictement décroissante.

S'entraîner

Exercice 1

Soit (u_n) la suite géométrique de premier terme $u_0 = 5$ et de raison $b = 0,75$. Déterminer le sens de variation de (u_n), puis à l'aide de la calculatrice, le premier terme de la suite inférieur à 0,09.

Solution

- Comme $0 < 0,75 < 1$, la suite (u_n) est strictement décroissante.
- Le terme de rang n est $u_n = u_0 \times b^n$, car u_0 est le premier terme de la suite. Ainsi, $u_n = 5 \times 0,75^n$.
- On entre l'expression $5 \times 0,75^x$ dans l'éditeur de fonctions de la calculatrice, puis 0 comme valeur minimale de x et 1 comme pas de calculs. On fait défiler les valeurs de x jusqu'à la première valeur de y inférieure à 0,09. On lit : $u_{13} \approx 0,119$ et $u_{14} \approx 0,089$.

Le premier terme de la suite inférieur à 0,09 est donc u_{14}.

Exercice 2

Soit (v_n) la suite géométrique de premier terme $v_1 = 100$ et de raison $b = 1,9$. Déterminer le sens de variation de (v_n), puis à l'aide de la calculatrice, le premier terme de la suite supérieur à 5 000 000.

Solution p.99

Exercice 3

Les points d'abscisses entières positives ou nulles de chacune des courbes tracées Δ et Δ' représentent deux suites géométriques (u_n) et (v_n).

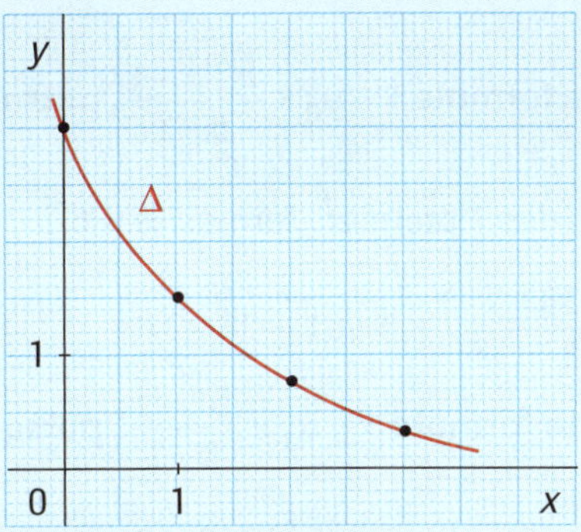

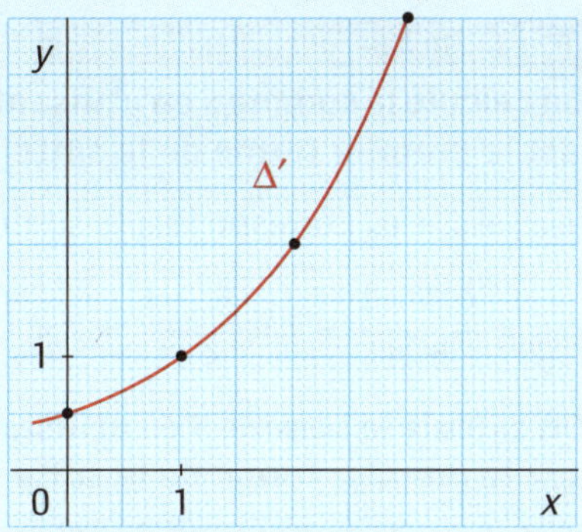

1. Déterminer graphiquement le sens de variation de (u_n), puis son premier terme et sa raison.

2. Déterminer graphiquement le sens de variation de (v_n), puis son premier terme et sa raison.

Solution p.99

13 Calculer la somme de termes consécutifs d'une suite géométrique

Mémoriser

1 Ce qu'il faut savoir

Soit (u_n) une suite géométrique de raison $b \neq 1$.

- La somme S de termes consécutifs de la suite (u_n) est :

$$S = \text{premier terme de } S \times \frac{b^{\text{nombre de termes de } S} - 1}{b-1}.$$

- Si $S = u_0 + u_1 + \dots + u_n$, alors $S = u_0 \times \dfrac{b^{n+1}-1}{b-1}$.

Si $S = u_1 + u_2 + \dots + u_n$, alors $S = u_1 \times \dfrac{b^{n}-1}{b-1}$.

2 Comment calculer la somme de termes consécutifs d'une suite géométrique ?

Une situation : énoncé de l'exercice

1. Soit (u_n) la suite géométrique de premier terme $u_0 = 7$ et de raison 4.
Calculer $S = u_0 + u_1 + \dots + u_6$.

2. Soit (u_n) la suite géométrique de premier terme $u_1 = -1{,}3$ et de raison 2.
Calculer $S = u_1 + u_2 + \dots + u_9$.

Méthode pour résoudre l'exercice

1. On calcule la somme S en utilisant la formule $S = u_0 \times \dfrac{b^{n+1}-1}{b-1}$, puisque u_0 est le premier terme de la suite :

$u_0 + u_1 + \dots + u_6$ correspond à la somme des 7 premiers termes ($n = 6$).

$$S = u_0 \times \frac{b^{6+1}-1}{b-1} = 7 \times \frac{4^7-1}{4-1} = 7 \times \frac{16\,383}{3} = 7 \times 5\,461 = 38\,227.$$

2. On calcule la somme S en utilisant la formule $S = u_1 \times \dfrac{b^{n}-1}{b-1}$, puisque u_1 est le premier terme de la suite :

$u_1 + u_2 + \dots + u_9$ correspond à la somme des 9 premiers termes ($n = 9$).

$$S = u_1 \times \frac{b^{9}-1}{b-1} = -1{,}3 \times \frac{2^9-1}{2-1} = -1{,}3 \times 511 = -664{,}3.$$

S'entraîner

Exercice 1

Un grossiste en matériel informatique effectue l'assemblage d'ordinateurs d'un type donné. La production la 1re année est de 3 000 ordinateurs et il souhaite une progression de 8 % par an.
On note p_1 la production de la 1re année et p_n la production de la n-ième année.

1. Montrer que (p_n) est une suite géométrique ; préciser son premier terme et sa raison.
2. Exprimer p_n en fonction de n ; calculer p_6.
3. Calculer la production totale en 6 ans.

Solution

1. L'énoncé précise que la production augmente de 8 % par an, donc le coefficient multiplicatif associé est 1 + 8 % = 1 + 0,08 = 1,08.
Ainsi, $p_{n+1} = 1{,}08p_n$. La suite (p_n) est donc une suite géométrique, de premier terme $p_1 = 3\,000$ et de raison $b = 1{,}08$.
2. Puisque p_1 est le premier terme de la suite, $p_n = p_1 \times b^{n-1}$, soit $p_n = 3\,000 \times 1{,}08^{n-1}$.
$p_6 = 3\,000 \times 1{,}08^5 \approx 4\,408$; la production de l'entreprise la 6e année est 4 408 ordinateurs.
3. Le nombre d'ordinateurs produits en 6 ans correspond à la somme des 6 premiers termes de la suite, soit $p_1 + p_2 + \ldots + p_6$.

Ainsi, $p_1 + p_2 + \ldots + p_6 = 3\,000 \times \dfrac{1{,}08^6 - 1}{1{,}08 - 1} \approx 22\,008$.

Le nombre d'ordinateurs produits en 6 ans est 22 008.

Exercice 2

Une entreprise spécialisée dans la vente de produits biologiques a ouvert ses portes, il y a huit ans. Le responsable réalise une étude sur le coût de revient des locaux de la société. Son étude porte sur les 6 premières années de vie de son entreprise. La première année, le loyer annuel a été fixé à 27 600 € ; le responsable se base sur une augmentation annuelle du loyer de 3 %.
On note l_1 le loyer de la 1re année et l_n le loyer de la n-ième année.

1. Montrer que (l_n) est une suite géométrique ; préciser son premier terme et sa raison.
2. Exprimer l_n en fonction de n.
3. Calculer le montant du loyer payé la 5e année (arrondir le résultat à l'euro).
4. Calculer le montant total des loyers payés pendant les 5 premières années.

Solution p.99

14 Représenter le nuage de points d'une série statistique

Mémoriser

1 Ce qu'il faut savoir

▌Pour une population donnée, on étudie simultanément deux variables quantitatives, notées généralement x et y.
On appelle série statistique à deux variables x et y ou série statistique double l'ensemble des points de coordonnées $(x_i\,;\,y_i)$, où x_i représente les valeurs prises par la variable x et y_i représente les valeurs prises par la variable y.

▌Dans le plan rapporté à un repère orthogonal, la représentation graphique d'une série statistique à deux variables x et y, appelée nuage de points, est constituée de l'ensemble des N points du plan, de coordonnées $(x_i\,;\,y_i)$, où x_i et y_i représentent respectivement les valeurs prises par les variables x et y.

2 Comment représenter le nuage de points d'une série statistique double ?

Une situation : énoncé de l'exercice

Représenter le nuage de points de la série statistique à deux variables x et y à partir de son tableau de données.

Variable x_i	1	2	3	4	5
Variable y_i	250	255	260	270	265

Méthode pour résoudre l'exercice

• Le plan étant rapporté à un repère orthogonal, on choisit une unité appropriée pour chaque axe en repérant dans le tableau de données la plus petite et la plus grande des valeurs prises par chacune des variables x et y et en précisant si nécessaire le point d'intersection des axes :
on choisit : 1 carreau pour 1 unité sur l'axe des abscisses (en commençant à l'abscisse 0) ;
1 carreau pour 5 unités sur l'axe des ordonnées (en commençant à l'ordonnée 245).

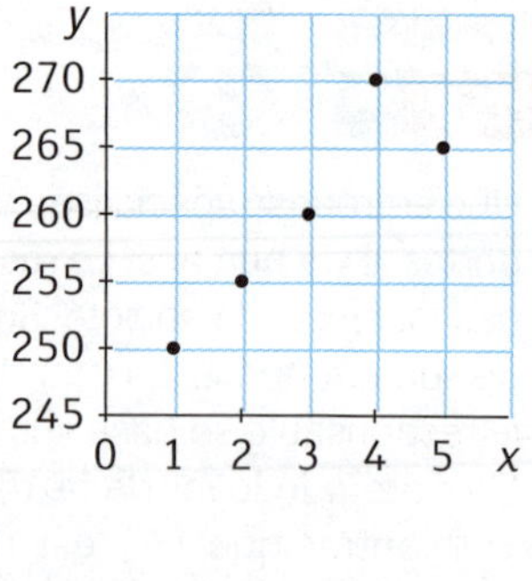

• On place, sur la figure, les points de coordonnées $(x_i\,;\,y_i)$:
on place sur la figure les 5 points de coordonnées :
(1 ; 250), (2 ; 255), (3 ; 260), (4 ; 270) et (5 ; 265).

S'entraîner

Exercice 1

Cédric vend des boissons rafraîchissantes. Il note ses ventes (variable y) six jours de suite au cours desquels la température maximale (variable x) est passée de 18 °C à 30 °C.

Les résultats sont représentés sur la figure.

Dresser le tableau de données de la série statistique représentée par ce nuage de points.

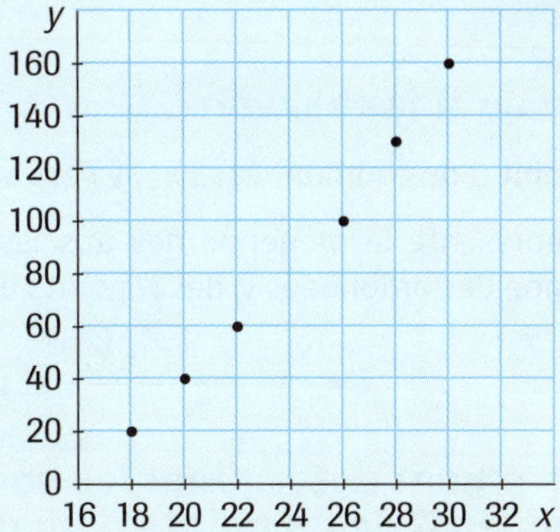

Solution

- Sur la figure, l'ensemble des points de coordonnées $(x_i ; y_i)$ correspondent aux valeurs prises respectivement par chacune des variables x et y.
- On dresse un tableau de données comprenant dans la 1re ligne les valeurs prises par la variable x rangées dans l'ordre croissant et dans la 2e ligne les valeurs correspondantes prises par la variable y.

Température x_i (en °C)	18	20	22	26	28	30
Nombre y_i de boissons vendues	20	40	60	100	130	160

Exercice 2

Le tableau suivant donne l'espérance de vie d'une femme selon son année de naissance (source INSEE, bilan démographique).

Année	1991	1994	1997	2000	2003	2006
Rang de l'année x_i	0	3	6	9	12	15
Espérance de vie y_i	81,2	81,9	82,3	82,8	83,0	84,2

Représenter le nuage de points de coordonnées $(x_i ; y_i)$ associé à cette série statistique dans un repère orthogonal.
On graduera l'axe des abscisses de 0 à 15 ; on prendra sur cet axe pour unité graphique : 1 cm pour une unité.
On graduera l'axe des ordonnées à partir de 79 ; on prendra sur cet axe pour unité graphique : 2 cm pour une unité.

Solution p.100

15 Calculer le point moyen d'une série statistique

Mémoriser

1 Ce qu'il faut savoir

- Le point G de coordonnées ($\overline{x}$; $\overline{y}$) est appelé point moyen du nuage.
- $\overline{x}$ représente la moyenne des abscisses x_i des N points du nuage et $\overline{y}$ la moyenne des ordonnées y_i des N points du nuage :

$$\overline{x} = \frac{x_1 + x_2 + ... + x_N}{N} \text{ et } \overline{y} = \frac{y_1 + y_2 + ... + y_N}{N}.$$

2 Comment déterminer les coordonnées ($\overline{x}$; $\overline{y}$) du point moyen G des N points d'un nuage de points ?

Une situation : énoncé de l'exercice

Déterminer les coordonnées du point moyen G à l'aide du tableau.

1. Par le calcul.

2. Avec la calculatrice.

Variable x_i	101	103	106	108	110
Variable y_i	22	23	25	28	30

Méthode pour résoudre l'exercice

1. • **On compte le nombre de valeurs prises par chacune des variables et on en déduit N :** $N = 5$.

• **On calcule l'abscisse du point G avec la formule $\overline{x} = \frac{x_1 + x_2 + ... + x_N}{N}$:**

$$\overline{x} = \frac{101+103+106+108+110}{5} = \frac{528}{5} = 105{,}6.$$

• **On calcule l'ordonnée du point G avec la formule $\overline{y} = \frac{y_1 + y_2 + ... + y_N}{N}$:**

$$\overline{y} = \frac{22+23+25+28+30}{5} = \frac{128}{5} = 25{,}6.$$

• **On en déduit les coordonnées du point moyen G :** G(105,6 ; 25,6).

2. • **On entre les valeurs x_i dans la liste 1 et les valeurs y_i dans la liste 2 :**

– *Modèle Casio* : MENU STAT ➢ EXE.

– *Modèle TI* : STAT ➢ Entrer.

• **On lit les valeurs $\overline{x}$ et $\overline{y}$ affichées sur l'écran :**

– *Modèle Casio* : CALC ➢ SET ➢ choisir List1 sur la ligne 2VAR XList et List2 sur la ligne 2VAR YList ➢ EXE ➢ 2VAR.

– *Modèle TI* : STAT ➢ CALC ➢ 2–Var stats ➢ écrire L1 , L2 ➢ Entrer.

On lit : $\overline{x}$ = 105,6 et $\overline{y}$ = 25,6.

• **On en déduit les coordonnées du point moyen G :** G(105,6 ; 25,6).

S'entraîner

Exercice 1

Sur une personne, on a fait varier l'intensité du travail fourni, exprimée en kilojoules par minute et on a relevé sa fréquence cardiaque (nombre de battements, par minute). On a obtenu les résultats suivants.

Intensité x_i	10	13	19	30	38	48	50	56
Fréquence cardiaque y_i	70	86	92	106	120	130	144	152

1. Représenter le nuage de points associé à la série statistique $(x_i\,;\,y_i)$ dans un repère orthogonal. Prendre 1 cm pour 5 unités en abscisse et 1 cm pour 10 unités en ordonnée. Graduer l'axe des ordonnées à partir de 50.

2. Calculer les coordonnées du point moyen G du nuage de points et placer G sur le graphique.

Solution

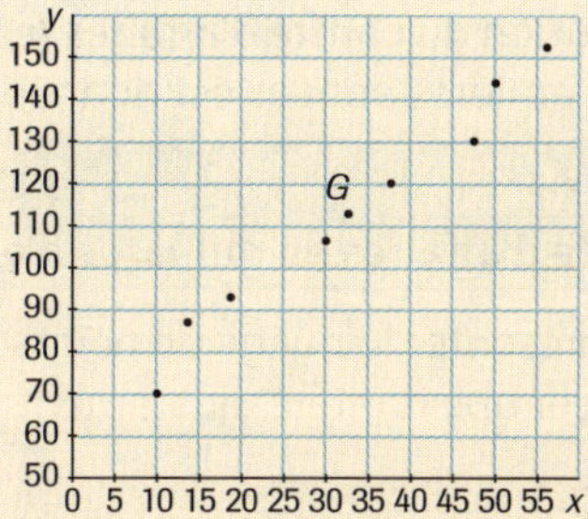

1. On trace le nuage de points associé à la série statistique $(x_i\,;\,y_i)$.

2. • On calcule les coordonnées de G :

$$\overline{x} = \frac{10+13+19+30+38+48+50+56}{8} = \frac{264}{8} = 33.$$

$$\overline{y} = \frac{70+86+92+106+120+130+144+152}{8} = 112{,}5.$$

G a pour coordonnées (33 ; 112,5). • On place le point G sur la figure.

Exercice 2

Dans le cas de certaines maladies, les vétérinaires calculent la posologie des médicaments en fonction de l'aire de la surface corporelle de l'animal. Le tableau suivant donne, chez les chiens, l'aire de la surface corporelle (en mètres carrés) en fonction du poids (en kilogrammes).

Poids en kg x_i	4	8	12	16	20	24	28	30	32	36
Aire en m² y_i	0,25	0,40	0,50	0,64	0,74	0,84	0,93	0,98	1,02	1,10

1. Représenter, dans un repère orthogonal, le nuage de points de coordonnées $(x_i\,;\,y_i)$ associé à cette série statistique.
Prendre pour unités graphiques : 1 cm pour 2 kg sur l'axe des abscisses et 1 cm pour 0,1 m² sur l'axe des ordonnées.

2. Déterminer les coordonnées du point moyen G du nuage de points et placer G sur le graphique.

Solution p.100

16 Réaliser un ajustement affine du nuage de points

Mémoriser

1 Ce qu'il faut savoir

▌Lorsque les points du nuage sont sensiblement alignés, la forme du nuage de points indique une liaison affine entre les variables x et y.
Il est alors possible de tracer une droite qui passe de façon équilibrée par les points du nuage.

▌Cette droite, d'équation réduite $y = ax + b$ est une droite d'ajustement du nuage de points.

2 Comment réaliser un ajustement affine graphique ?

L'évolution du chiffre d'affaires (en milliards d'euros) du groupe Farmacol pour les 5 dernières années est donnée dans le tableau suivant.

Année x_i	1	2	3	4	5
Chiffre d'affaires en milliards d'euros y_i	65	68	73	77	82

1. Représenter le nuage de points de la série statistique $(x_i ; y_i)$.
2. Tracer une droite d'ajustement du nuage, passant par le point moyen G.

Méthode pour résoudre l'exercice

1. On trace le nuage de points de la série, puis on vérifie qu'un ajustement affine est envisageable, c'est-à-dire que les points du nuage sont sensiblement alignés :
les points du nuage étant sensiblement alignés, un ajustement affine est envisageable.

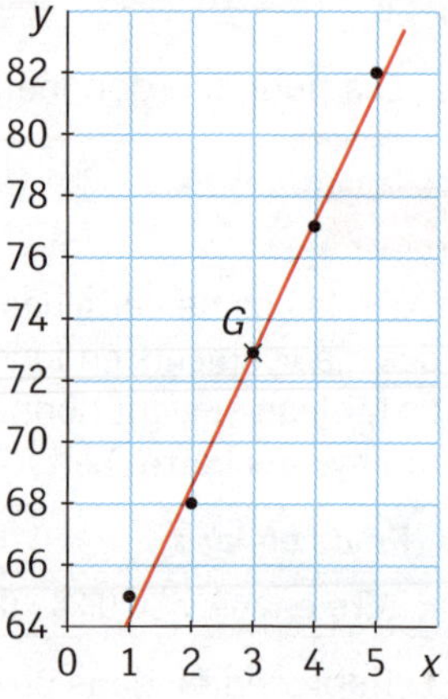

2. On trace une droite d'ajustement en suivant les indications fournies par l'énoncé :
on calcule des coordonnées du point moyen G :

$$\overline{x} = \frac{1+2+3+4+5}{5} = \frac{15}{5} = 3 ;$$

$$\overline{y} = \frac{65+68+73+77+82}{5} = \frac{365}{5} = 73.$$

Ainsi, $G(3 ; 73)$.
On place le point G sur la figure, puis on trace au jugé une droite d'ajustement passant par G.

S'entraîner

Exercice 1

Le tableau donne, en €, le montant des remboursements annuels y_i d'un ménage au cours des 5 dernières années, à la suite de divers emprunts.

Année x_i	1	2	3	4	5
Montant en euros y_i	7 200	8 200	9 800	10 600	12 200

1. a) Représenter le nuage de points de la série statistique $(x_i\,;\,y_i)$.
Unité graphique 2 cm pour 1 an en abscisse et 1 cm pour 1 000 euros en ordonnée, en commençant les graduations au point de coordonnées (0 ; 6 000).

b) Un ajustement affine apparaît-il envisageable ?

2. On ajuste le nuage par la droite passant par les points $A(2\,;\,8\,400)$ et $B(5\,;\,12\,000)$. Tracer la droite (AB), puis déterminer son équation réduite.

Solution

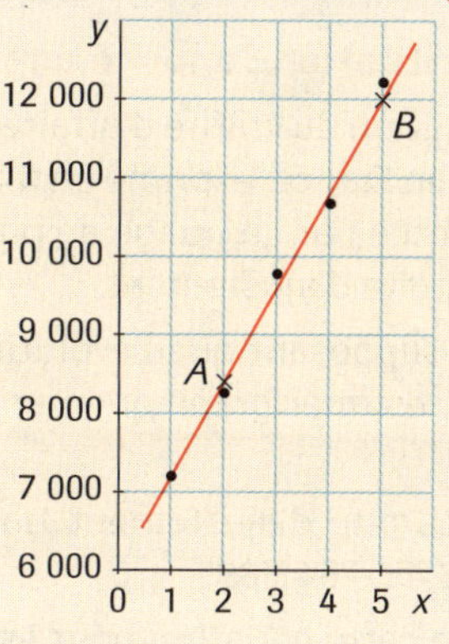

1. a) et **b)** Un ajustement affine apparaît envisageable, car les points du nuage sont sensiblement alignés.

2. Le coefficient directeur de (AB) est

$$a = \frac{12000 - 8400}{5 - 2} = 1\,200.$$

L'équation réduite de (AB) est donc de la forme $y = 1\,200x + b$. Le point $A(2\,;\,8\,400)$ appartient à la droite, donc ses coordonnées vérifient l'équation réduite de la droite : $8\,400 = 1\,200 \times 2 + b$, soit $b = 6\,000$.
(AB) a pour équation réduite $y = 1\,200x + 6\,000$.

Exercice 2

Le tableau donne l'évolution du SMIC horaire brut, en euros.

Année	**Rang de l'année x_i**	**SMIC y_i**
2006	1	8,27
2007	2	8,44
2008	3	8,71
2009	4	8,82
2010	5	8,86

1. **a)** Représenter le nuage de points de la série statistique $(x_i;y_i)$. *On prendra comme unité graphique 2 cm pour 1 an en abscisse et 1 cm pour 0,1 en ordonnée, en commençant la graduation à 8,2.*

b) Un ajustement affine apparaît-il envisageable ?

2. On choisit d'ajuster le nuage par la droite passant par le point $M(5\,;\,8{,}93)$ et le point moyen G du nuage de points.

a) Calculer les coordonnées de G, puis tracer la droite (MG).

b) Déterminer une équation réduite de la droite (MG).

Solution p.101

17 Utiliser une droite d'ajustement pour effectuer des estimations

Mémoriser

1 Ce qu'il faut savoir

- En supposant que l'évolution observée se poursuive, la droite d'ajustement d'équation réduite $y = ax + b$ permet de faire des estimations.
- Les estimations s'effectuent par lecture graphique ou par le calcul en utilisant l'équation de la droite d'ajustement.

2 Comment utiliser un ajustement affine graphique pour effectuer des estimations ?

Une situation : énoncé de l'exercice

L'évolution du chiffre d'affaires du commerce équitable en France, exprimé en millions d'euros, est représentée par un nuage de points sur lequel figure une droite d'ajustement.

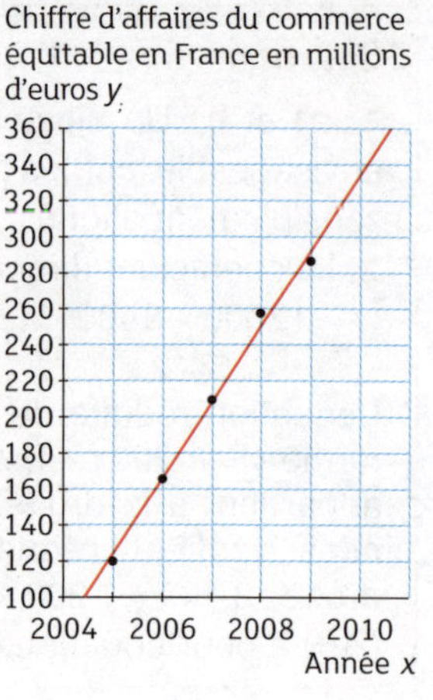

1. En supposant que l'évolution observée se poursuive, estimer graphiquement le chiffre d'affaires de 2010.

2. La droite d'ajustement tracée a pour équation $y = 42{,}4x - 84\,889$.

Utilise cette équation pour estimer par le calcul le chiffre d'affaires de 2010.

Méthode pour résoudre l'exercice

1. On lit l'ordonnée du point de la droite d'abscisse 2010 :
pour $x = 2010$, on lit $y \approx 335$.
Le chiffre d'affaires du commerce équitable en France en 2010 peut être estimé à 335 millions d'euros.

2. On utilise l'équation de la droite :
pour $x = 2010$,
$y = 42{,}4 \times 2010 - 84\,889 = 335$.

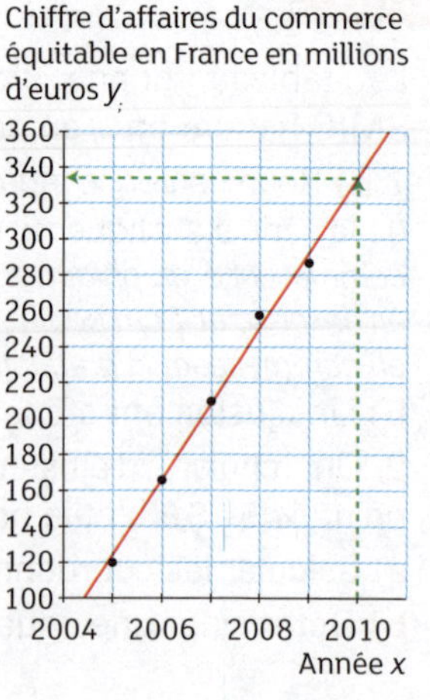

S'entraîner

Exercice 1

Dans un laboratoire on injecte dans le sang d'un patient une certaine substance. On en mesure la concentration, en gramme par litre ($g.L^{-1}$), en fonction du temps x exprimé en heures. Les résultats sont représentés par un nuage de points sur lequel figure une droite d'ajustement.

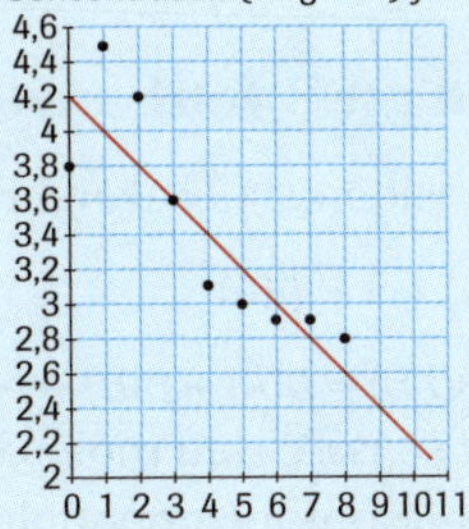

1. Estimer graphiquement la concentration de cette substance au bout de 9 h, puis de 10 h.

2. La droite d'ajustement tracée a pour équation réduite $y = -0{,}2x + 4{,}2$.

En utilisant cette droite, retrouver les résultats précédents.

Solution

1. Pour $x = 9$, on lit $y \approx 2{,}4$; pour $x = 10$, on lit $y \approx 2{,}2$.
La concentration de cette substance peut être estimée à $2{,}4\ g \cdot L^{-1}$ au bout de 9 heures et à $2{,}2\ g \cdot L^{-1}$ au bout de 10 heures.

2. Pour $x = 9$, $y = -0{,}2 \times 9 + 4{,}2 = 2{,}4$ et pour $x = 10$, $y = -0{,}2 \times 10 + 4{,}2 = 2{,}2$.
On retrouve les résultats de la question **1.**

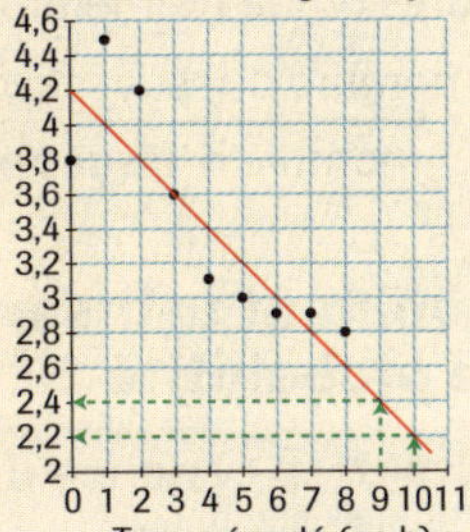

Exercice 2

Craignant une propagation de grippe infectieuse, un service de santé d'une ville de 50 000 habitants a relevé le nombre de consultations hebdomadaires concernant cette grippe dans cette ville pendant 7 semaines.

Rang de la semaine x_i	1	2	3	4	5	6	7
Nombre de consultations y_i	450	700	1 000	1 650	2 000	2 400	3 000

1. Réaliser le nuage de points représentant cette série (prendre 1 cm pour une unité en abscisse et 1 cm pour 200 consultations en ordonnée).

2. Calculer les coordonnées du point moyen G du nuage.

3. On considère la droite Δ passant par G et dont le coefficient directeur est égal à 430. Tracer Δ sur le graphique.

4. On suppose que Δ réalise un ajustement affine du nuage de points. En utilisant cette droite, estimer graphiquement :

a) le nombre de consultations de la 8e semaine ;

b) la semaine à partir de laquelle le nombre de consultations dépassera 4 000 habitants.

Solution p.102

18 Utiliser les formules usuelles de probabilité

Mémoriser

1 Ce qu'il faut savoir

On considère deux événements A et B d'un univers Ω.

- $p(\overline{A}) = 1 - p(A)$.
- $p(A \cup B) = p(A) + p(B) - p(A \cap B)$ (le « ou », c'est-à-dire $\cup$, est un « ou » inclusif, au sens de « au moins l'un des deux »).

Si A et B sont incompatibles, c'est-à-dire si $A \cap B = \emptyset$, alors $p(A \cup B) = p(A) + p(B)$.

- Dans le cas d'équiprobabilité, c'est-à-dire quand tous les événements élémentaires ont la même probabilité, on a :

$$p(A) = \frac{\text{nombre d'issues favorables à } A}{\text{nombre d'issues possibles}}.$$

2 Comment utiliser les formules usuelles de probabilité ?

Une situation : énoncé de l'exercice

Dans une classe de terminale, 22 % des élèves pratiquent régulièrement un sport et 12 % jouent d'un instrument de musique. De plus, 5 % pratiquent régulièrement un sport et jouent d'un instrument de musique. Pour un élève choisi au hasard dans la classe, on considère les événements : S : « l'élève pratiquent régulièrement un sport » ; M : « l'élève joue d'un instrument de musique ».

Calculer la probabilité de chacun des événements suivants : $\overline{S}$, $\overline{M}$, $S \cup M$ et $\overline{S \cup M}$.

Méthode pour résoudre l'exercice

- **On traduit les données de l'énoncé par des probabilités** :

$p(S) = 0{,}22$, $p(M) = 0{,}12$ et $p(S \cap M) = 0{,}05$.

- **On applique les formules du cours :**

$p(\overline{S}) = 1 - p(S) = 1 - 0{,}22 = 0{,}78$.

$p(\overline{M}) = 1 - p(M) = 1 - 0{,}12 = 0{,}88$.

$p(S \cup M) = p(S) + p(M) - p(S \cap M) = 0{,}22 + 0{,}12 - 0{,}05 = 0{,}29$.

$p(\overline{S \cup M}) = 1 - p(S \cup M) = 1 - 0{,}29 = 0{,}71$.

S'entraîner

Exercice 1

Un lycée lance une enquête sur la poursuite d'études de ses élèves après le bac. Les résultats sont les suivants.

	Garçon	Fille	Total
Poursuit ses études	44	32	76
Ne poursuit pas ses études	6	10	16
Total	50	42	92

On choisit au hasard un élève du lycée. On considère les événements suivants : G : « l'élève est un garçon » ; E : « l'élève poursuit ses études ».

1. Calculer $p(G)$, $p(E)$ et $p(G \cap E)$; résultats arrondis à 0,01 près.

2. Définir l'événement $G \cup E$, puis calculer sa probabilité.

Solution

1. Parmi les 92 élèves, il y a 50 garçons, donc $p(G) = \dfrac{50}{92} \approx 0{,}54$.

Parmi les 92 élèves, il y en a 76 qui poursuivent leurs études, donc $p(E) = \dfrac{76}{92} \approx 0{,}83$.

Parmi les 92 élèves, il y a 44 garçons qui poursuivent leurs études, donc $p(G \cap E) = \dfrac{44}{92} \approx 0{,}48$.

2. L'événement $G \cup E$ est l'événement « l'élève est un garçon ou poursuit ses études ».

$p(G \cup E) = p(G) + p(E) - p(G \cap E) = \dfrac{50}{92} + \dfrac{76}{92} - \dfrac{44}{92} = \dfrac{82}{92} \approx 0{,}89$.

Exercice 2

Une étude dans un centre médico-social a porté sur un échantillon de 308 cas d'hospitalisation pour ingestion de produits toxiques chez l'enfant de 0 à 5 ans (on distinguera trois cas : enfants de 0 à 12 mois, de 1 à 3 ans et de 3 à 5 ans). Pour cet échantillon, on a les informations suivantes : 180 enfants sont des garçons ; 37,5 % des filles sont âgées de 3 à 5 ans ; parmi les enfants de 3 à 5 ans, un tiers sont des filles ; 25 % des enfants de l'échantillon sont des filles de 1 à 3 ans ; parmi les enfants de 0 à 12 mois, il y a autant de filles que de garçons. On choisit au hasard un des 308 enfants de l'échantillon. On considère les événements : A : « l'enfant choisi est une fille » ; B : « l'enfant choisi a entre 3 et 5 ans ». Calculer les probabilités des événements suivants : A ; B ; $A \cap B$; $\overline{A} \cap B$ et $A \cup B$ (résultats arrondis à 0,01 près).

Solution p.103

19 Calculer une probabilité conditionnelle

Mémoriser

1 Ce qu'il faut savoir

On considère deux événements A et B d'un univers Ω.

La probabilité de A sachant B est définie si $p(B) \neq 0$ par $p_B(A) = \dfrac{p(A \cap B)}{p(B)}$.

2 Comment calculer une probabilité conditionnelle ?

Une situation : énoncé de l'exercice

Une enquête réalisée auprès des salariés d'une entreprise révèle que : 80 % des salariés partent à la mer en été ; 25 % partent à la montagne en hiver et 12 % partent à la mer en été et à la montagne en hiver.
On interroge au hasard un salarié. On considère les événements :
E : « la personne part à la mer en été » ;
H : « la personne part à la montagne en hiver ».
Calculer les probabilités des événements suivants : « le salarié part à la montagne en hiver sachant qu'il part à la mer en été » ; « le salarié part à la mer en été sachant qu'il part à la montagne en hiver ».

Méthode pour résoudre l'exercice

- **On exprime les données de l'énoncé avec des probabilités :**
80 % des salariés partent à la mer en été, donc $p(E) = 0{,}8$;
25 % des salariés partent à la montagne en hiver, donc $p(H) = 0{,}25$; 12 % des salariés partent à la mer en été et à la montagne en hiver, donc $p(E \cap H) = 0{,}12$.

- **On cherche les probabilités suivantes :**
« le salarié part à la montagne en hiver sachant qu'il part à la mer en été », soit $p_E(H)$; « le salarié part à la mer en été sachant qu'il part à la montagne en hiver », soit $p_H(E)$.

- **On applique les formules du cours :**

$$p_E(H) = \frac{p(H \cap E)}{p(E)} = \frac{0{,}12}{0{,}8} = 0{,}15 ;$$

$$p_H(E) = \frac{p(E \cap H)}{p(H)} = \frac{0{,}12}{0{,}25} = 0{,}48.$$

S'entraîner

Exercice 1

Un professeur de français s'adresse aux 35 élèves de sa classe pour connaître l'intérêt qu'ils portent à la lecture. Les résultats sont les suivants.

	Lisent des revues	Ne lisent pas de revues	Total
Lisent des romans	9	9	18
Ne lisent pas de romans	6	11	17
Total	15	20	35

Le professeur interroge un élève au hasard. Soit les événements : A : « l'élève lit des revues » et B : « l'élève lit des romans ».

1. Calculer $p(A)$, $p(B)$ et $p(A \cap B)$; résultats arrondis à 0,01 près.

2. Quelle est la probabilité que l'élève lise des revues sachant qu'il lit des romans ?

Solution

1. Parmi les 35 élèves, 15 lisent des revues, donc $p(A) = \dfrac{15}{35} \approx 0{,}43$.

18 lisent des romans, donc $p(B) = \dfrac{18}{35} \approx 0{,}51$.

9 lisent des revues et des romans, donc $p(A \cap B) = \dfrac{9}{35} \approx 0{,}26$.

2. La probabilité que l'élève lise des revues sachant qu'il lit des romans est $p_B(A)$.

$$p_B(A) \ \frac{p(A \cap B)}{p(B)} = \frac{\frac{9}{35}}{\frac{18}{35}} = \frac{9}{18} = 0{,}5.$$

Exercice 2

Dans une entreprise de 200 personnes, le personnel se répartit en trois catégories : les ouvriers, les agents de maîtrise et les cadres. L'entreprise comporte 32 cadres, 54 agents de maîtrise et 114 ouvriers. On compte 40 % d'hommes dans l'entreprise et parmi eux 10 % sont des cadres. D'autre part, 15 % des femmes sont agents de maîtrise. On interroge au hasard un employé de l'entreprise. Soit les événements : A : « la personne interrogée est un agent de maîtrise » et B : « la personne interrogée est une femme ».

1. Calculer $p(A)$, $p(B)$, $p(A \cap B)$ et $p(A \cap \overline{B})$.

2. Calculer la probabilité que la personne interrogée soit une femme sachant que cette personne est agent de maîtrise, puis la probabilité que la personne interrogée soit un homme sachant que cette personne est agent de maîtrise. Arrondir les résultats à 0,01 près. Solution p.104

20 Calculer la probabilité de l'intersection de deux événements avec une probabilité conditionnelle

Mémoriser

1 Ce qu'il faut savoir

On considère deux événements A et B d'un univers Ω.

$p(A \cap B) = p(B) \times p_B(A)$ si $p(B) \neq 0$ ou $p(A \cap B) = p(A) \times p_A(B)$ si $p(A) \neq 0$.

2 Comment calculer $p(A \cap B)$ connaissant $p_B(A)$ ou $p_A(B)$?

Une situation : énoncé de l'exercice

Dans une entreprise, 60 % des employés sont des femmes, parmi lesquelles 30 % sont syndiquées.
On interroge au hasard un salarié de cette entreprise.
On considère les événements : F : « le salarié est une femme » et S : « le salarié est syndiqué ».
Calculer la probabilité que la personne interrogée soit une femme syndiquée.

Méthode pour résoudre l'exercice

• **On exprime les données de l'énoncé et la question avec des probabilités :**

60 % des employés sont des femmes, donc $p(F) = 0{,}6$.
Parmi les femmes, 30 % sont syndiquées, donc $p_F(S) = 0{,}3$.
On cherche la probabilité que « la personne interrogée soit une femme syndiquée », soit $p(F \cap S)$.

• **On applique la formule du cours :**

$p(F \cap S) = p(F) \times p_F(S) = 0{,}6 \times 0{,}3 = 0{,}18$.

S'entraîner

Exercice 1

Un groupe scolaire de Montigny comporte 55 % de garçons et 45 % de filles ; 65 % des garçons et 20 % des filles viennent à l'école à vélo. On choisit au hasard un élève de ce groupe scolaire.
On note les événements : G : « l'élève est un garçon », F : « l'élève est une fille » et V : « l'élève vient à l'école à vélo ». Calculer $p(G \cap V)$ et $p(F \cap V)$, puis exprimer en langage usuel les résultats obtenus.

Solution
Le groupe scolaire comporte 55 % de garçons et 45 % de filles signifie $p(G) = 0{,}55$ et $p(F) = 0{,}45$. 65 % des garçons et 20 % des filles viennent à l'école à vélo signifie $p_G(V) = 0{,}65$ et $p_F(V) = 0{,}2$.
Ainsi, $p(G \cap V) = p(G) \times p_G(V) = 0{,}55 \times 0{,}65 = 0{,}357\,5$ et
$p(F \cap V) = p(F) \times p_F(V) = 0{,}45 \times 0{,}2 = 0{,}09$.
La probabilité que l'élève choisi au hasard soit un garçon et vienne à l'école à vélo est 0,357 5 et la probabilité que l'élève choisi au hasard soit une fille et vienne à l'école à vélo est 0,09.

Exercice 2

Dans une région du monde, les individus d'une population peuvent être atteints par deux maladies endémiques appelées M_1 et M_2. On choisit au hasard un individu dans cette population ; on note les événements : M_1 : « l'individu est atteint par la maladie M_1 » et M_2 : « l'individu est atteint par la maladie M_2 ». On donne : $p(M_1) = 0{,}02$, $p(M_2) = 0{,}03$ et $p_{M_1}(M_2) = 0{,}7$.

1. Définir par une phrase l'événement $M_1 \cap M_2$, puis calculer sa probabilité.
2. Définir par une phrase l'événement $M_1 \cup M_2$, puis calculer sa probabilité.
3. Calculer $p_{M_2}(M_1)$.

Solution p.105

Exercice 3

Une épidémie due à un virus X sévit dans une région du monde. On estime que 12 % de la population est atteinte par ce virus. Une stratégie de dépistage à l'aide d'un test biologique est mise en place ; on observe les résultats suivants : quand la personne est contaminée par le virus, le test est positif dans 99,6 % des cas ; quand la personne n'est pas contaminée par le virus, le test est négatif dans 97,6 % des cas.
On choisit un individu au hasard, on note les événements : C : « la personne est contaminée par le virus X » et P : « la personne a un test positif ».
Calculer $p(C \cap \overline{P})$ et $p(\overline{C} \cap P)$; interpréter les résultats.

Solution p.105

21 Utiliser un arbre de probabilités

Mémoriser

1 Ce qu'il faut savoir

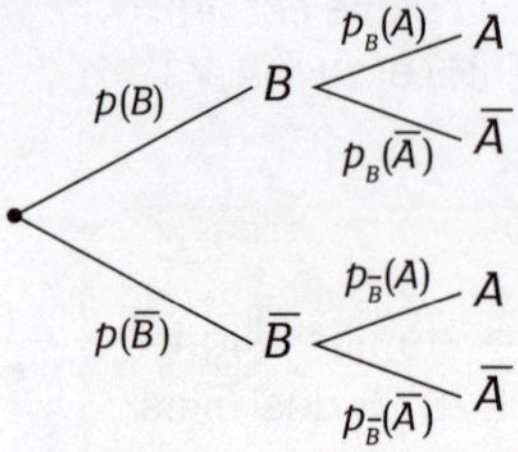

chemin : $A \cap B$; probabilité : $p(A \cap B) = p(B) \times p_B(A)$

chemin : $\overline{A} \cap B$; probabilité : $p(\overline{A} \cap B) = p(B) \times p_B(\overline{A})$

chemin : $A \cap \overline{B}$; probabilité : $p(A \cap \overline{B}) = p(\overline{B}) \times p_{\overline{B}}(A)$

chemin : $\overline{A} \cap \overline{B}$; probabilité : $p(\overline{A} \cap \overline{B}) = p(\overline{B}) \times p_{\overline{B}}(\overline{A})$

Propriétés : $p_B(A) + p_B(\overline{A}) = 1$; $p_{\overline{B}}(A) + p_{\overline{B}}(\overline{A}) = 1$; $p(A) = p(A \cap B) + p(A \cap \overline{B})$.

2 Comment utiliser un arbre de probabilités ?

Une situation : énoncé de l'exercice

Une entreprise fabrique des pièces détachées pour l'industrie orthopédique grâce à deux machines M_1 et M_2. M_1 fournit 45 % de la production totale, M_1 et M_2 produisent respectivement 2 % et 3 % de pièces défectueuses. On prend au hasard une pièce de la production. Soit les événements : A : « la pièce provient de M_1 » ; B : « la pièce provient de M_2 » et D : « la pièce est défectueuse ».
Représenter la situation par un arbre, puis calculer $p(D)$.

Méthode pour résoudre l'exercice

- **On exprime les données de l'énoncé avec des probabilités, puis on crée l'arbre :**

l'énoncé donne : $p(A) = 0{,}45$; $p_A(D) = 0{,}02$ et $p_B(D) = 0{,}03$.

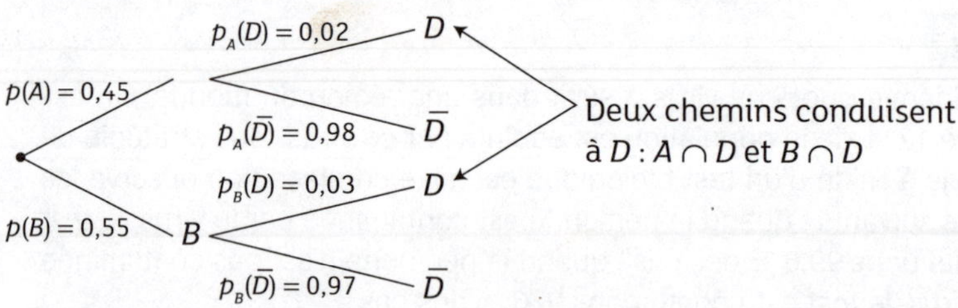

- **On calcule la probabilité des deux chemins, puis on effectue leur somme :**

$p(D) = p(A \cap D) + p(B \cap D) = p(A) \times p_A(D) + p(B) \times p_B(D)$;

$p(D) = 0{,}45 \times 0{,}02 + 0{,}55 \times 0{,}03 = 0{,}009 + 0{,}016\,5 = 0{,}025\,5$.

S'entraîner

Exercice 1

Dans une entreprise, on compte 70 % de femmes. On constate de plus, que 80 % des femmes vivent maritalement et que 10 % des hommes sont célibataires. On interroge au hasard un salarié de l'entreprise. On considère les événements suivants : F : « la personne est une femme » ; H : « la personne est un homme » et C : « la personne est célibataire ».
Représenter la situation par un arbre, puis calculer $p(C)$.

Solution

- L'énoncé donne : $p(F) = 0{,}7$; $p_F(\overline{C}) = 0{,}8$ et $p_H(C) = 0{,}1$.
- Arbre de probabilités :

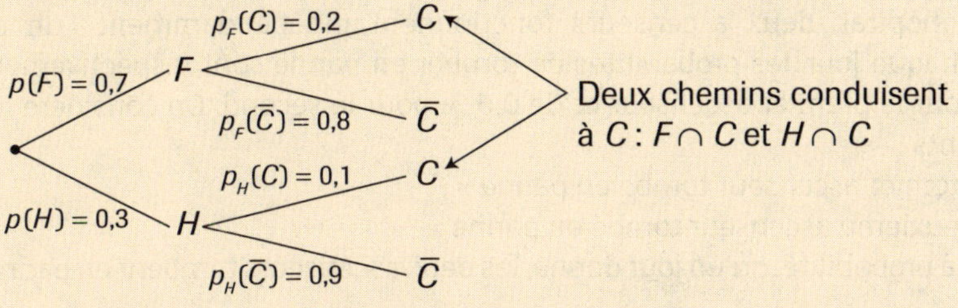

- $p(C) = p(F \cap C) + p(H \cap C) = p(F) \times p_F(C) + p(H) \times p_H(C)$;
  $p(C) = 0{,}7 \times 0{,}2 + 0{,}3 \times 0{,}1 = 0{,}14 + 0{,}03 = 0{,}17$.

Exercice 2

Lors d'une épizootie, on s'est aperçu que si la maladie était diagnostiquée assez tôt chez un animal, on pouvait le guérir, sinon la maladie est mortelle. Un test a été mis au point et essayé sur un échantillon d'animaux dont 1 % sont porteurs de la maladie. On obtient les résultats suivants : si un animal est malade, le test est positif dans 85 % des cas ; si un animal est sain, le test est négatif dans 95 % des cas. On choisit un animal au hasard.
On considère les événements : M : « l'animal est atteint par la maladie » et P : « le test est positif ».

1. Construire l'arbre de probabilités modélisant la situation.
2. Calculer $p(M \cap P)$, $p(\overline{M} \cap P)$, puis $p(P)$.
3. Un animal étant choisi parmi ceux dont le test est positif, quelle est la probabilité qu'il soit malade ? Arrondir le résultat à 0,01 près.

Solution p.106

22 Calculer la probabilité de l'intersection de deux événements indépendants

Mémoriser

1 Ce qu'il faut savoir

On considère deux événements A et B d'un univers Ω.
A et B sont indépendants est équivalent à $p(A \cap B) = p(A) \times p(B)$.

2 Comment calculer la probabilité de deux événements indépendants ?

Une situation : énoncé de l'exercice

Dans un hôpital, deux ascenseurs fonctionnent indépendamment l'un de l'autre. Chaque jour, les probabilités de tomber en panne sont respectivement de 1 % pour le premier ascenseur et de 0,6 % pour le second. On considère les événements :

A : « le premier ascenseur tombe en panne » ;
B : « le deuxième ascenseur tombe en panne ».

Calculer la probabilité, qu'un jour donné, les deux ascenseurs tombent en panne.

Méthode pour résoudre l'exercice

• **On repère, dans l'énoncé, l'hypothèse d'indépendance des deux événements :**
les « deux ascenseurs fonctionnent indépendamment l'un de l'autre » signifie que les événements A et B sont indépendants.

• **On applique la formule :**
« les deux ascenseurs tombent en panne » est l'événement $A \cap B$.
On a $p(A) = 0{,}01$ et $p(B) = 0{,}006$.
Les événements A et B sont indépendants, donc
$p(A \cap B) = p(A) \times p(B) = 0{,}01 \times 0{,}006 = 0{,}000\,06$.

S'entraîner

Exercice 1

Le tableau suivant présente, pour une certaine maladie, l'apparition de deux symptômes, notés A et B. L'étude porte sur 30 personnes présentant la maladie étudiée.

Symptôme B \ Symptôme A	Oui	Non	Total
Oui	15	10	25
Non	3	2	5
Total	18	12	30

On choisit une personne au hasard. On considère les événements : A : « la personne a le symptôme A » et B : « la personne a le symptôme B ».

1. Calculer $p(A)$, $p(B)$ et $p(A \cap B)$.

2. Les événements A et B sont-ils indépendants ?

Solution

1. Parmi les 30 personnes, 18 ont le symptôme A, donc $p(A) = \frac{18}{30} = \frac{3}{5}$.

Parmi les 30 personnes, 25 ont le symptôme B, donc $p(B) = \frac{25}{30} = \frac{5}{6}$.

Parmi les 30 personnes, 15 ont les deux symptômes, donc $p(A \cap B) = \frac{15}{30} = \frac{1}{2}$.

2. $p(A) \times p(B) = \frac{3}{5} \times \frac{5}{6} = \frac{1}{2}$. Ainsi, $p(A \cap B) = p(A) \times p(B)$, donc les événements A et B sont indépendants.

Exercice 2

Un fabricant produit des seringues auto-pulsées. Celles-ci peuvent présenter deux types de défaut : un défaut mécanique, noté M et un défaut électrique, noté E. À la sortie de la chaîne de fabrication, 2 % des seringues ont le défaut M et 3 % ont le défaut E. On suppose l'indépendance des défauts lors de la fabrication. On choisit une seringue au hasard à la sortie de la chaîne de production. Quelle est la probabilité que la seringue ait les deux défauts ?

Solution p.106

Exercice 3

Soit A et B deux événements indépendants d'un univers Ω tels que : $p(A) = 0{,}7$ et $p(B) = 0{,}6$. Calculer $p(A \cap B)$ et $p(A \cup B)$.

Solution p.107

23 Calculer des dérivées

Mémoriser

1 Ce qu'il faut savoir

Il faut connaître les dérivées des fonctions usuelles et les opérations sur les dérivés.

$f(x) =$	$f'(x) =$
k (constante)	0
x	1
x^2	$2x$
x^3	$3x^2$
$\frac{1}{x}$	$-\frac{1}{x^2}$
x^n	nx^{n-1}
$\sqrt{x}$	$\frac{1}{2\sqrt{x}}$

$(u + v)' = u' + v'$.
$(u - v)' = u' - v'$.
$(ku)' = ku'$.

2 Comment calculer des dérivées ?

Une situation : énoncé de l'exercice

Soit f la fonction définie sur $[1 ; 10]$ par $f(x) = x^2 + \frac{4}{x}$. Calculer $f'(x)$.

Méthode pour résoudre l'exercice

- **On reconnaît la forme de la fonction ($u + v$, $u - v$, ku ou combinaison des trois formes)** : f est de la forme $u + kv$, où $u(x) = x^2$, $v(x) = \frac{1}{x}$ et $k = 4$ (car $\frac{4}{x} = 4 \times \frac{1}{x}$).

- **On dérive les fonctions usuelles formant $f(x)$, puis on applique les formules** : $u'(x) = 2x$ et $v'(x) = -\frac{1}{x^2}$.

Or, $(u + v)' = u' + v'$ et $(ku)' = ku'$, donc $f'(x) = 2x + 4 \times (-\frac{1}{x^2})$.

- **On simplifie** : $f'(x) = 2x - \frac{4}{x^2}$.

S'entraîner

Exercice 1

Soit f et g les fonctions définies sur [3 ; 10]

par $f(x) = -\frac{5}{x} + 7$ et $g(x) = 2x^3 + x - \frac{3}{x}$. Calculer $f'(x)$ et $g'(x)$.

Solution

• f est de la forme $ku + v$, où $u(x) = \frac{1}{x}$, $k = -5$ et $v(x) = 7$.

On a : $u'(x) = -\frac{1}{x^2}$ et $v'(x) = 0$.

Or, $(u + v)' = u' + v'$ et $(ku)' = ku'$, donc $f'(x) = -5 \times \left(-\frac{1}{x^2}\right) + 0 = \frac{5}{x^2}$.

• g est de la forme $k_1u + v - k_2w$, où $u(x) = x^3$, $k_1 = 2$, $v(x) = x$, $k_2 = 3$ et $w(x) = \frac{1}{x}$.

On a : $u'(x) = 3x^2$, $v'(x) = 1$ et $w'(x) = -\frac{1}{x^2}$.

Or, $(u + v - w)' = u' + v' - w'$ et $(ku)' = ku'$, donc

$f'(x) = 2 \times 3x^2 + 1 - 3 \times \left(-\frac{1}{x^2}\right) = 6x^2 + 1 + \frac{3}{x^2}$.

Exercice 2

Pour chacune des fonctions définie sur I, calculer $f'(x)$.

1. $f(x) = 1 - \frac{10}{x}$; $I = [0,1 ; 5]$.
2. $f(x) = 4x^3 + 2x^2 - 8x + 1$; $I = [0 ; 9]$.
3. $f(x) = -x^3 - 2x + 3$; $I = [0 ; 20]$.
4. $f(x) = 6 - x^2 + 10x$; $I = [0 ; 10]$.
5. $f(x) = \frac{2}{x} - 4x + 8$; $I = [0,5 ; 10]$.
6. $f(x) = 4\sqrt{x} + 3x^3 - 6$; $I = [0,1 ; 10]$.

Solution p.107

Exercice 3

Soit f la fonction définie sur $I = [-5 ; -0,1]$ par $f(x) = -\frac{5}{x} - 4x^2 + 8$.
Calculer $f'(-1)$.

Solution p.107

24 Déterminer l'équation réduite d'une tangente à une courbe

Mémoriser

1 Ce qu'il faut savoir

Soit f une fonction définie et dérivable sur un intervalle I et $\mathscr{C}$ sa courbe représentative dans le plan rapporté à un repère.
Le nombre dérivé en a, noté $f'(a)$, est le coefficient directeur de la tangente à $\mathscr{C}$ au point d'abscisse a.

2 Comment déterminer l'équation réduite d'une tangente ?

Une situation : énoncé de l'exercice

Soit f la fonction définie sur [0,1 ; 10] par $f(x) = x^2 + \dfrac{2}{x}$. On note $\mathscr{C}$ sa courbe représentative dans le plan rapporté à un repère. Déterminer l'équation réduite de la tangente T à $\mathscr{C}$ au point d'abscisse 2.

Méthode pour résoudre l'exercice

• **On calcule $f'(x)$, puis $f'(2)$:**

f est de la forme $u + kv$, où $u(x) = x^2$, $v(x) = \dfrac{1}{x}$ et $k = 2$.

$f'(x) = 2x - \dfrac{2}{x^2}$, d'où $f'(2) = 2 \times 2 - \dfrac{2}{4} = 4 - \dfrac{1}{2} = \dfrac{7}{2}$.

• **On en déduit la forme de l'équation réduite de T :**

l'équation réduite de T est de la forme $y = \dfrac{7}{2}x + b$.

• **On résout l'équation $f(2) = \dfrac{7}{2} \times 2 + b$, d'inconnue b :**

$f(2) = 2^2 + \dfrac{2}{2} = 5$. Ainsi, le point A (2 ; 5) est un point de T et ses coordonnées vérifient l'équation réduite de T. On résout l'équation d'inconnue b :

$5 = \dfrac{7}{2} \times 2 + b$, soit $b = 5 - 7 = -2$.

• **On conclut** : l'équation réduite de T est $y = \dfrac{7}{2}x - 2$.

S'entraîner

Exercice 1

Soit f la fonction définie sur $[-4 ; 10]$ par $f(x) = 3x^3 + 5x^2 - 4x - 1$. On note $\mathscr{C}$ sa courbe représentative dans le plan rapporté à un repère.

Déterminer l'équation réduite de la tangente T à $\mathscr{C}$ au point d'abscisse -1.

Solution

- $f'(x) = 9x^2 + 10x - 4$, d'où $f'(-1) = 9 \times (-1)^2 + 10 \times (-1) - 4 = -5$.
- L'équation réduite de T est de la forme $y = -5x + b$.

De plus, $f(-1) = 3 \times (-1)^3 + 5 \times (-1)^2 - 4 \times (-1) - 1 = 5$. Ainsi, le point $A(-1 ; 5)$ est un point de T et ses coordonnées vérifient l'équation réduite de T.

On résout l'équation d'inconnue b : $5 = -5 \times (-1) + b$, soit $b = 5 - 5 = 0$.

- L'équation réduite de T est $y = -5x$.

Exercice 2

Soit f la fonction définie sur $[-1 ; 8]$ par $f(x) = -x^3 + x^2 - 1$. On note $\mathscr{C}$ sa courbe représentative dans le plan rapporté à un repère.

Déterminer le coefficient directeur de la tangente à $\mathscr{C}$ au point d'abscisse 1.

Solution p.108

Exercice 3

Soit f la fonction définie sur $[-4 ; 6]$ par $f(x) = 0{,}5x^3 - 1$. On note $\mathscr{C}$ sa courbe représentative dans le plan rapporté à un repère.

Expliquer pourquoi les tangentes à $\mathscr{C}$ aux points d'abscisses -1 et 1 sont parallèles.

Solution p.108

Exercice 4

Soit f et g les fonctions définies respectivement sur $\mathbb{R}$ et $[0{,}5 ; 10]$ par $f(x) = -\frac{1}{2}x^3 + 2x^2 - 2$ et $g(x) = \frac{2}{x} + 3$. On note $\mathscr{C}_f$ et $\mathscr{C}_g$ leurs courbes représentatives dans le plan rapporté à un repère. La fonction dont la tangente à la courbe au point d'abscisse 1 a pour coefficient directeur -2 est :

a) f ;
b) g ;
c) ni f ni g.

Solution p.108

25 Étudier le sens de variation d'une fonction

Mémoriser

1 Ce qu'il faut savoir

Soit f une fonction dérivable sur I et soit J un intervalle inclus dans I.

- Si pour tout x de J, $f'(x) > 0$, alors f est strictement croissante sur J.
- Si pour tout x de J, $f'(x) < 0$, alors f est strictement décroissante sur J.
- Si pour tout x de J, $f'(x) = 0$, alors f est constante sur J.

2 Comment étudier le sens de variation d'une fonction ?

Une situation : énoncé de l'exercice

Soit f la fonction définie sur $[-5 ; 8]$ par $f(x) = -x^3 + 3x^2 - 9$.

Déterminer le sens de variation de la fonction f.

Méthode pour résoudre l'exercice

• **On calcule $f'(x)$:**

f est dérivable sur $[-5 ; 8]$ et $f'(x) = -3x^2 + 6x$.

• **On résout l'équation $f'(x) = 0$:**

l'équation $f'(x) = 0$ est successivement équivalente à $-3x^2 + 6x = 0$; $3x(-x + 2) = 0$; $3x = 0$ ou $-x + 2 = 0$; $x = 0$ ou $x = 2$. La dérivée s'annule donc en 0 et en 2.

• **On détermine le signe de $f'(x)$:**

on étudie le signe de $f'(x)$ à l'aide d'un tableau de signes.

x	-5		0		2		8
$3x$		$-$	0	$+$		$+$	
$-x+2$		$+$		$+$	0	$-$	
$f'(x)$		$-$	0	$+$	0	$-$	

• **On détermine le sens de variation de f à partir du signe de $f'(x)$** : sur les intervalles $[-5 ; 0[$ et $]2 ; 8]$, $f'(x) < 0$, donc f est strictement décroissante sur $[-5 ; 0[$ et sur $]2 ; 8]$.

Sur l'intervalle $]0 ; 2[$, $f'(x) > 0$, donc f est strictement croissante sur $]0 ; 2[$.

S'entraîner

Exercice 1

Soit f la fonction définie sur [0,5 ; 10] par $f(x) = x - 5 + \frac{4}{x}$.

Étudier le sens de variation de la fonction f.

Solution

• $f'(x) = 1 - \frac{4}{x^2}$.

• L'équation $f'(x) = 0$ est successivement équivalente à $1 - \frac{4}{x^2} = 0$; $\frac{x^2 - 4}{x^2} = 0$; $x^2 - 4 = 0$; $(x - 2)(x + 2) = 0$; $x - 2 = 0$ ou $x + 2 = 0$; $x = 2$ ou $x = -2$. La dérivée s'annule donc en -2 et en 2.

• $f'(x) = \frac{(x-2)(x+2)}{x^2}$. Or, sur [0,5 ; 10] $\frac{x+2}{x^2} > 0$, donc $f'(x)$ a le même signe que $x - 2$.

• Ainsi : sur [0,5 ; 2[, $f'(x) < 0$, donc f est strictement décroissante sur [0,5 ; 2[; sur]2 ; 10], $f'(x) > 0$, donc f est strictement croissante sur]2 ; 10].

Exercice 2

Soit f la fonction définie sur [−4 ; 3] par $f(x) = \frac{2}{3}x^3 + x^2 - 4x + 2$.

1. Calculer $f'(x)$, puis montrer que, pour tout x de [−4 ; 3], $f'(x) = 2(x - 1)(x + 2)$.

2. En déduire le sens de variation de la fonction f. Solution p.109

Exercice 3

Soit f la fonction définie sur [0,5 ; 5] par $f(x) = -2x^2 + \frac{2}{x}$.

Étudier le sens de variation de la fonction f. Solution p.109

Exercice 4

Soit f la fonction définie sur [−5 ; −0,5] par $f(x) = 2x - \frac{4}{x}$.

Étudier le sens de variation de la fonction f. Solution p.110

26 Dresser le tableau de variation d'une fonction

Mémoriser

1 Ce qu'il faut savoir

On présente les variations d'une fonction dans un tableau de variation : la flèche dirigée vers le haut indique que la fonction est strictement croissante, la flèche dirigée vers le bas indique que la fonction est strictement décroissante.

Valeurs de x	a	b
Signe de $f'(x)$	$-$	
Sens de variation de f	↘	

Valeurs de x	a	b
Signe de $f'(x)$	$+$	
Sens de variation de f	↗	

2 Comment dresser le tableau de variation d'une fonction ?

Une situation : énoncé de l'exercice

Soit f la fonction définie sur $[-4 ; 5]$ par $f(x) = -x^2 + 4x$.
Dresser le tableau de variation de la fonction f.

Méthode pour résoudre l'exercice

• **On calcule $f'(x)$, puis on étudie son signe :**

f est dérivable sur $[-4 ; 5]$ et $f'(x) = -2x + 4$. $f'(x) = 0$ équivaut à $x = 2$.

$f'(x) > 0$ équivaut successivement à $-2x + 4 > 0$, $-2x > -4$, $x < \dfrac{-4}{-2}$, soit $x < 2$.

• **On détermine le sens de variation de f à partir du signe de $f'(x)$, puis on dresse le tableau de variation de f :**

sur $[-4 ; 2[$, $f'(x) > 0$, donc f est strictement croissante sur cet intervalle ; sur $]2 ; 5]$, $f'(x) < 0$, donc f est strictement décroissante sur cet intervalle.

x	-4		2		5
$f'(x)$		$+$	0	$-$	
$f(x)$	-32	↗	4	↘	-5

On complète le tableau de variation en calculant $f(-4)$, $f(2)$ et $f(5)$.

$f(-4) = -(-4)^2 + 4 \times (-4) = -32$;

$f(2) = -2^2 + 4 \times 2 = 4$;

$f(5) = -5^2 + 4 \times 5 = -5$.

Exercice 1

Soit f la fonction définie sur [0,1 ; 10] par $f(x) = -x + 2 + \frac{1}{x}$.

Étudier le sens de variation de la fonction f.

Solution

- $f'(x) = -1 - \frac{1}{x^2} = -(1 + \frac{1}{x^2})$
- Pour tout nombre réel x de [0,1 ; 10], $\frac{1}{x^2} > 0$, donc $-(1 + \frac{1}{x^2}) < 0$.

Ainsi, f est strictement décroissante sur [0,1 ; 10].

- Tableau de variation :

x	0,1		10
$f'(x)$		−	
$f(x)$	11,9	↘	−7,9

$f(0,1) = -0,1 + 2 + \frac{1}{0,1} = 11,9$;

$f(10) = -10 + 2 + \frac{1}{10} = -7,9$.

Exercice 2

On donne le tableau de variation d'une fonction f définie sur [−5 ; 8].

x	−5		−2		0		4		5		8
$f(x)$	3	↘	1	↗	6	↘	−4	↗	−1	↘	−3

Pour chacune des affirmations suivantes, déterminer si elle est vraie ou si elle est fausse. La corriger si elle est fausse.

1. f est définie sur [−3 ; 3].
2. f est strictement décroissante sur [0 ; 4].
3. $f'(1) \geq 0$.
4. $f'(x) \leq 0$ pour tout nombre réel x de l'intervalle [5 ; 8].
5. $f(6) > 0$.
6. $f(0) = 1$.
7. f est strictement croissante sur [−2 ; 4].

Solution p.110

27 Rechercher les éventuels extremums locaux d'une fonction

1 Ce qu'il faut savoir

f est une fonction dérivable sur I et soit J un intervalle inclus dans I. Soit a un nombre réel de I, distinct des extrémités de I.
Si f a un extremum local en a, alors $f'(a) = 0$.
Si $f'(a) = 0$ et si f' change de signe en a, alors f a un extremum local en a.

2 Comment déterminer les éventuels extremums locaux d'une fonction ?

Une situation : énoncé de l'exercice

On donne le tableau de variation d'une fonction *f* définie sur $[-1\ ;\ 10]$.

x	-1		1		5		10
$f'(x)$		$-$	0	$+$	0	$-$	
$f(x)$	7	↘	-4	↗	3	↘	2

Déterminer les éventuels extremums locaux de *f* sur $[-1\ ;\ 10]$, puis déterminer le minimum et le maximum de *f* sur $[-1\ ;\ 10]$.

Méthode pour résoudre l'exercice

- **On recherche les éventuels extremums locaux à partir des nombres où la dérivée s'annule :**
$f(1) = -4$ et $f(5) = 3$ sont des extremums locaux puisque la dérivée s'annule et change de signe.
$f(1) = -4$ est un minimum local, car *f* est strictement décroissante « avant » 1 et strictement croissante « après » 1.
$f(5) = 3$ est un maximum local, car *f* est strictement croissante « avant » 5 et strictement décroissante « après » 5.

- **On détermine la plus petite et la plus grande valeur de $f(x)$ (valeurs lues aux origines et extrémités des flèches) :**
le minimum de *f* est -4, atteint en 1 ;
le maximum de *f* est 7, atteint en -1.

S'entraîner

Exercice 1

Soit f la fonction définie sur $[-3\ ;\ 10]$ par $f(x) = x^2 + 4x + 10$.

1. Étudier le sens de variation de f, puis dresser son tableau de variation.

2. En déduire le signe de $f(x)$ sur $[-3\ ;\ 10]$.

Solution

1. $f'(x) = 2x + 4$. $f'(x) = 0$ équivaut à $2x = -4$, soit $x = -2$. $f'(x) > 0$ équivaut à $2x > -4$, soit $x > -2$. Ainsi, f est strictement décroissante sur $[-3\ ;\ -2[$ et strictement croissante sur $]-2\ ;\ 10]$.

Tableau de variation :

x	-3		-2		10
$f'(x)$		$-$	0	$+$	
$f(x)$	7	↘	6	↗	150

$f(-3) = (-3)^2 + 4\,(-3) + 10 = 7$.

$f(-2) = (-2)^2 + 4\,(-2) + 10 = 6$.

$f(10) = 10^2 + 4 \times 10 + 10 = 150$.

2. Le minimum de f sur $[-3\ ;\ 10]$ est 6, donc pour tout x de $[-3\ ;\ 10]$, $f(x) \geq 6$, soit $f(x) > 0$.

Exercice 2

On donne le tableau de variation d'une fonction f définie sur $[-8\ ;\ 8]$.

x	-8		-1		1		3		8
$f(x)$	1	↗	3	↘	-6	↗	6	↘	-10

Pour chacune des affirmations suivantes, déterminer si elle est vraie ou si elle est fausse. La corriger si elle est fausse.

1. Le minimum de f sur $[-8\ ;\ 8]$ est -6.

2. f admet un maximum local en $x = 3$.

3. $f'(2) > 0$.

4. $f(1) = -6$ est un minimum local.

5. Le maximum de f sur $[-8\ ;\ 8]$ est 6.

6. $f(6) = 3$ est un maximum local.

7. $f'(x) \geq 0$ pour tout nombre réel x de l'intervalle $[1\ ;\ 3]$.

Solution p.110

28 Lire des informations sur une courbe

Mémoriser

1 Ce qu'il faut savoir

Soit f une fonction définie et dérivable sur un intervalle I et $\mathscr{C}$ sa courbe représentative. Si le point de $A(a\ ;\ b)$ est un point de $\mathscr{C}$, on peut affirmer que : $f(a) = b$ est l'image de a par f ; b est l'ordonnée du point de $\mathscr{C}$ d'abscisse a ; a est un antécédent de b par f.

2 Comment lire des informations sur une courbe ?

Une situation : énoncé de l'exercice

On a injecté à un malade une dose d'un certain médicament. La quantité, en cm^3, présente dans le sang en fonction du temps t, en heures, est modélisée par la fonction f dont on donne la courbe représentative.

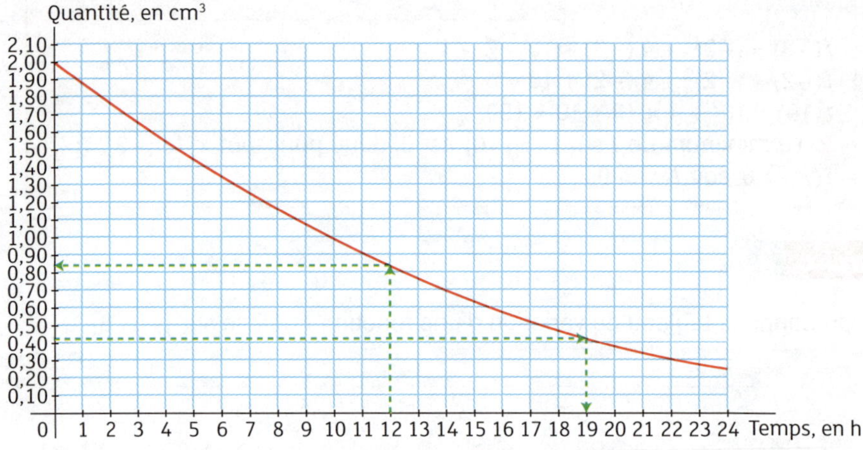

1. Quelle est la quantité de médicament présente dans le sang au bout de 12 heures ?

2. Au bout de combien d'heures la quantité de médicament est-elle égale à 0,42 cm^3 ?

Méthode pour résoudre l'exercice

On interprète la question avec la fonction et on utilise la courbe :

1. On lit $f(12) \approx 0{,}85$; au bout de 12 heures, il reste environ 0,85 cm^3 de médicament.

2. On lit $f(19) \approx 0{,}42$; l'antécédent de 0,42 par f est 19, donc la quantité de médicament est égale à 0,42 cm^3 au bout de 19 heures.

S'entraîner

Exercice 1

On considère la situation précédente.

1. Déterminer la quantité de médicament injecté au malade.

2. Déterminer le temps nécessaire pour que la quantité de médicament passe de 1,45 cm^3 à 0,3 cm^3.

Solution

1. La quantité de médicament injecté au malade correspond à $f(0)$: on lit $f(0) = 2$. La quantité de médicament injecté au malade est de 2 cm^3.

2. Le temps nécessaire pour que la quantité de médicament passe de 1,45 cm^3 à 0,3 cm^3 correspond à l'intervalle antécédent de l'intervalle [0,3 ; 1,45]. On lit $f(22) = 0{,}3$ et $f(5) = 1{,}45$; l'intervalle antécédent de l'intervalle [0,3 ; 1,45] est l'intervalle [5 ; 22] dont l'amplitude est égale à $22 - 5 = 17$. Il faut donc 17 heures pour que la quantité de médicament passe de 1,45 cm^3 à 0,3 cm^3.

Exercice 2

À la suite d'une épidémie, le nombre de malades après t jours est donné par la fonction f dont on donne la courbe représentative.

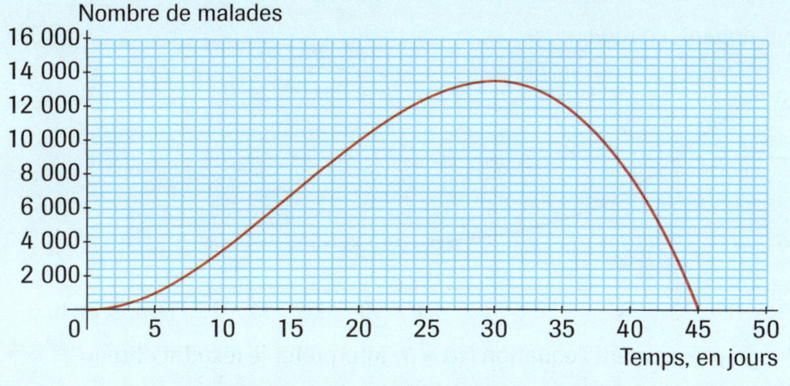

1. Déterminer le nombre de malades au bout de 10 jours.

2. Au bout de combien de jours le nombre de malades est-il maximal ?

3. Pendant combien de jours le nombre de malades est-il supérieur ou égal à 10 000 ?

4. Calculer le taux d'évolution du nombre de malades entre le 10e et le 20e jour.

Solution p.111

29 Résoudre graphiquement une équation ou une inéquation

Mémoriser

1 Ce qu'il faut savoir

Soit f une fonction définie et dérivable sur I et $\mathscr{C}$ sa courbe représentative ; a est un nombre réel.

- Les solutions de l'équation $f(x) = a$ sont les abscisses des points d'intersection de $\mathscr{C}$ avec la droite d'équation $y = a$.
- L'ensemble des solutions de l'inéquation $f(x) > a$ sont les abscisses des points de $\mathscr{C}$ situés au-dessus de la droite d'équation $y = a$.
- L'ensemble des solutions de l'inéquation $f(x) < a$ sont les abscisses des points de $\mathscr{C}$ situés au-dessous de la droite d'équation $y = a$.

2 Comment résoudre graphiquement une équation ou une inéquation ?

Une situation : énoncé de l'exercice

Un sportif a absorbé un produit dopant. On admet que la fonction f représente le taux de produit dopant, en mg/L, présent dans le sang de ce sportif en fonction du temps t, en heures, écoulé depuis l'absorption.
On donne la courbe $\mathscr{C}$ représentative de f en rouge.

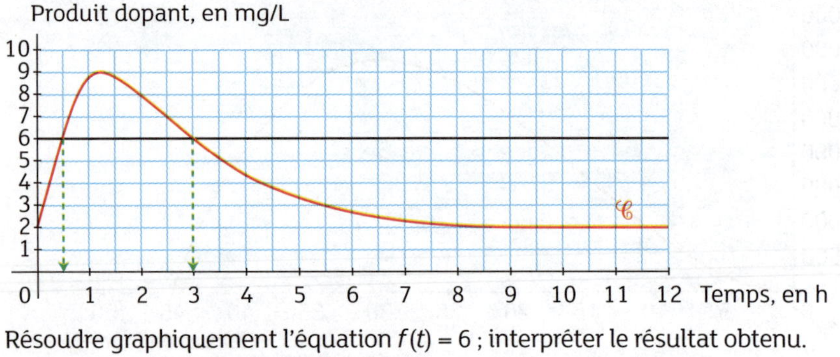

Résoudre graphiquement l'équation $f(t) = 6$; interpréter le résultat obtenu.

Méthode pour résoudre l'exercice

On trace la droite d'équation $y = 6$, puis on lit les abscisses des points d'intersection de la courbe avec cette droite : la courbe représentative de f coupe la droite d'équation $y = 6$ en $t = 0,5$ et en $t = 3$. Les solutions de l'équation $f(t) = 6$ sont 0,5 et 3 ; cela signifie que le taux de produit dopant est égal à 6 mg/L 30 minutes après l'absorption, puis 3 heures après l'absorption.

S'entraîner

Exercice 1

On considère la situation précédente.

1. Résoudre graphiquement l'inéquation $f(t) > 6$; interpréter le résultat.

2. Résoudre graphiquement l'inéquation $f(t) < 3$; interpréter le résultat.

Solution

1. La courbe $\mathscr{C}$ est située au-dessus de la droite d'équation $y = 6$ pour les valeurs de t de l'intervalle $]0,5 ; 3[$. $]0,5 ; 3[$ est l'intervalle solution de l'inéquation. Cela signifie que le taux de produit dopant est supérieur à 6 mg/L entre la 30e minute et la 3e heure après l'absorption.

2. La courbe $\mathscr{C}$ est située au-dessous de la droite d'équation $y = 3$ pour les valeurs de t des intervalles $[0 ; 0,2[$ et $]5,5 ; 12]$. Les intervalles $[0 ; 0,2[$ et $]5,5 ; 12]$ sont les solutions de l'inéquation. Cela signifie que le taux de produit dopant est inférieur à 3 mg/L jusqu'à la 12e minute après l'absorption, puis au bout de 5h30 après l'absorption.

Exercice 2

Un patient a reçu par injection une substance médicamenteuse. Son sang présente alors une concentration de 0,8 g/L du produit injecté. La fonction f donne la valeur de la concentration du produit dans le sang, en fonction du temps écoulé t, en heures ($0 \leq t \leq 5$). On donne un tracé de la courbe représentative de f.

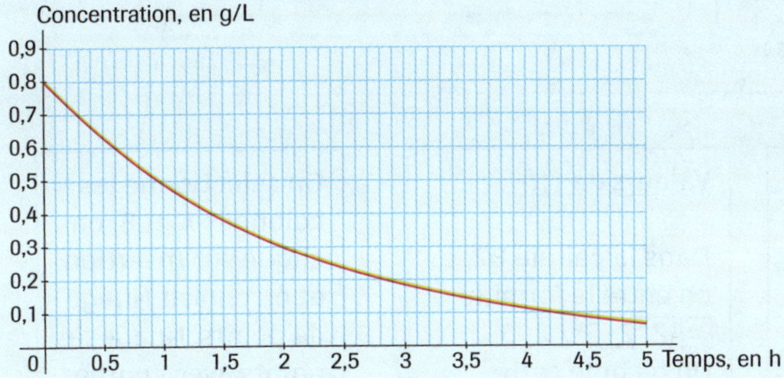

1. Résoudre graphiquement l'équation $f(t) = 0,3$; interpréter le résultat obtenu.

2. Au bout de combien de temps la concentration de produit est-elle égale à 0,4 g/L ?

3. Résoudre graphiquement les inéquations $f(t) < 0,6$ et $f(t) < 0,3$; interpréter les résultats obtenus.

Solution p.111

30 Utiliser un tableur – grapheur

Mémoriser

Exemple commenté

On a tracé sur tableur la courbe représentative de la fonction f définie sur $I = [-3\,;\,5]$ par $f(t) = t^2 - 2t - 5$.

Formule copiée dans la cellule B2

B2 ▾ f_x =A2^2-2*A2-5

resol graph 2

	A	B
1	t	f(t)
2	-3	10
3	-2,5	6,25
4	-2	3
5	-1,5	0,25
6	-1	-2
7	-0,5	-3,75
8	0	-5
9	0,5	-5,75
10	1	-6
11	1,5	-5,75
12	2	-5
13	2,5	-3,75
14	3	-2
15	3,5	0,25
16	4	3
17	4,5	6,25
18	5	10

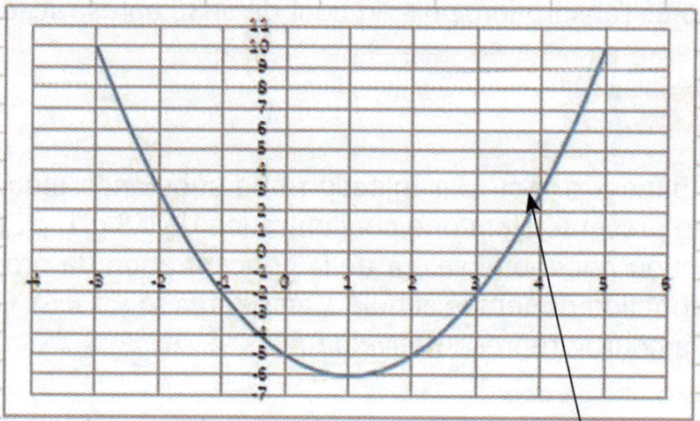

<u>Valeurs de t de l'intervalle I</u>

On entre -3 dans la cellule A2 et $-2{,}5$ dans la cellule A3 ; on sélectionne ces deux cellules, puis on tire la poignée de remplissage vers le bas jusqu'à la valeur 5.

<u>Valeurs de $f(t)$</u>

Dans la cellule B2, on entre la formule =A2^2−2*A2−5 . On recopie cette formule vers le bas, à l'aide de la poignée de remplissage jusqu'en B18.

On sélectionne les colonnes A et B, on clique sur Insertion, et on choisit Nuage de points, Nuage de points avec courbes lissées

Exercice 1

On considère l'exemple commenté précédent.

1. Quelle formule peut-on lire en cliquant dans la cellule B10 ?

2. À quoi correspond la valeur lue dans cette cellule ?

Solution

1. En cliquant dans la cellule B10, on peut lire la formule =A10^2–2*A10–5 .

2. La valeur lue dans cette cellule est $f(1) = -6$.

Exercice 2

On donne la feuille de calcul suivante, obtenue pour une fonction f définie sur un intervalle I.

B3 | f_x =-2+1/A3

	A	B
1	x	f(x)
2	0,1	8,00
3	0,2	3,00
4	0,3	1,33
5	0,4	0,50
6	0,5	0,00
7	0,6	-0,33
8	0,7	-0,57
9	0,8	-0,75
10	0,9	-0,89
11	1	-1,00
12	1,1	-1,09
13	1,2	-1,17
14	1,3	-1,23
15	1,4	-1,29
16	1,5	-1,33
17	1,6	-1,38
18	1,7	-1,41
19	1,8	-1,44
20	1,9	-1,47
21	2	-1,50

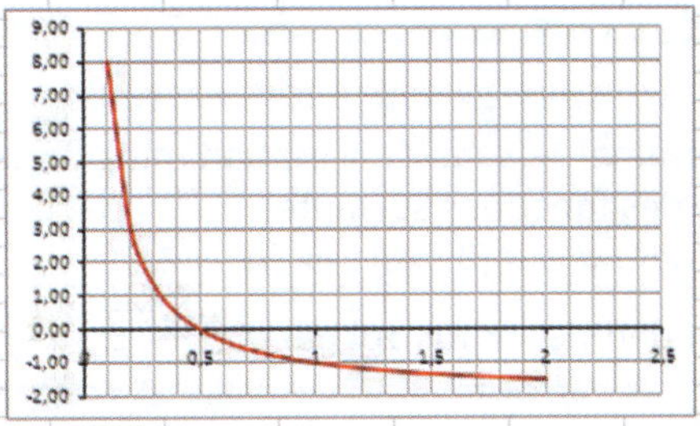

1. Sur quel intervalle I la fonction f est-elle définie ?

2. Dans quelle cellule le curseur est-il positionné ?

3. Expliquer comment obtenir les valeurs de la colonne A sans avoir à les saisir une à une.

4. Quelle formule a-t-on saisie dans la cellule B2, puis recopiée vers le bas ?

5. Quelle est l'expression algébrique de la fonction f ?

6. Quelle formule obtient-on en cliquant dans la cellule B15 ?

7. Quelle est l'image de 1 par f ?

8. Déterminer $f(1{,}8)$.

9. Quel est l'antécédent de 0,5 par f ?

10. Quelle est la solution de l'équation $f(x) = 0$?

11. Quel est l'ensemble des solutions de l'inéquation $f(x) < 0{,}5$?

12. Quel est l'ensemble des solutions l'inéquation $f(x) > 0$?

Solution p.112

31 Étudier le sens de variation d'une fonction exponentielle $x \mapsto a^x$

1 Ce qu'il faut savoir

Soit a un nombre réel strictement positif.

- La fonction qui, à tout nombre réel x, associe le nombre réel strictement positif a^x est appelée fonction exponentielle de base a.
- La fonction $x \mapsto a^x$, définie sur $\mathbb{R}$, est strictement décroissante si $0 < a < 1$ et strictement croissante si $a > 1$.

2 Comment étudier le sens de variation des fonctions $x \mapsto a^x$?

Une situation : énoncé de l'exercice

Déterminer le sens de variation, puis dresser le tableau de variation de chacune des fonctions suivantes.
f est définie sur [0 ; 20] par $f(x) = 2{,}5^x$;

g est définie sur [0 ; 10] par $g(x) = \left(\dfrac{2}{3}\right)^x$.

Méthode pour résoudre l'exercice

- **On détermine si $0 < a < 1$ ou si $a > 1$ pour déterminer le sens de variation de la fonction :**

$a = 2{,}5 > 1$, donc la fonction f est strictement croissante sur [0 ; 20] ;

$a = \dfrac{2}{3}$ et $0 < \dfrac{2}{3} < 1$, donc la fonction g est strictement décroissante sur [0 ; 10].

- **On dresse le tableau de variation de la fonction :**

x	0		20
$f(x)$	1	↗	$2{,}5^{20}$

x	0		10
$g(x)$	1	↘	$\left(\dfrac{2}{3}\right)^{10}$

$f(0) = 2{,}5^0 = 1$; $f(20) = 2{,}5^{20}$.

$g(0) = \left(\dfrac{2}{3}\right)^0 = 1$; $g(10) = \left(\dfrac{2}{3}\right)^{10}$.

S'entraîner

Exercice 1

On considère la fonction f définie sur l'intervalle [0 ; 10] par $f(t) = 20 \times 0{,}9^t$. On admet que sur l'intervalle [0 ; 10], la fonction f a le même sens de variation que la fonction g définie par $g(t) = 0{,}9^t$.
Dresser le tableau de variation de f.

Solution

$a = 0{,}9$, donc $0 < a < 1$; la fonction g est strictement décroissante sur [0 ; 10]. Les fonctions g et f ayant le même sens de variation, on en déduit que la fonction f est strictement décroissante sur [0 ; 10].

t	0		10
$f(t)$	20	↘	$20 \times 0{,}9^{10}$

Exercice 2

On considère la fonction g définie sur l'intervalle [0 ; 6] par $g(t) = 1{,}1^t$.

1. Donner le sens de variation de la fonction g.

2. On considère la fonction f définie sur [0 ; 6] par $f(t) = 3 \times 1{,}1^t + 10$.

a) En admettant que g et f ont le même sens de variation, dresser le tableau de variation de la fonction f sur [0 ; 6].

b) Compléter le tableau de valeurs suivant (résultats arrondis à 0,1 près).

t	0	1	2	3	4	5	6
$f(t)$							

Solution p.113

Exercice 3

On considère la fonction g définie sur l'intervalle [0 ; 8] par $g(t) = 0{,}8^t$.

1. Donner le sens de variation de la fonction g.

2. On considère la fonction f définie sur [0 ; 8] par $f(t) = 2 \times 0{,}8^t + 3$.

a) En admettant que g et f ont le même sens de variation, dresser le tableau de variation de la fonction f sur [0 ; 8].

b) Tracer la courbe représentative de f sur l'écran d'une calculatrice ou sur tableur.

c) Résoudre graphiquement l'inéquation $f(t) < 4$.

Solution p.113

32 Étudier la fonction logarithme décimal $x \mapsto \log(x)$

Mémoriser

1 Ce qu'il faut savoir

- La fonction logarithme décimale, notée log, est la fonction définie sur $]0\,;+\infty[$ telle que pour tout nombre réel x, $\log(10^x) = x$.
- **Valeurs remarquables** : $\log(1) = 0$ et $\log(10) = 1$.
- La fonction log est strictement croissante sur $]0\,;+\infty[$.
- $\log(a) = \log(b)$ équivaut à $a = b$;
$\log(a) < \log(b)$ équivaut à $a < b$.
- Pour $a > 0$, $b > 0$ et tout x,
$\log(ab) = \log(a) + \log(b)$;
$\log(a^x) = x\log(a)$.

2 Comment utiliser le logarithme décimal ?

Une situation : énoncé de l'exercice

Simplifier l'écriture de chacun des réels suivants.
$A = \log(100)$; $B = \log(20)$; $C = \log(16)$; $D = 6\log(200)$; $E = \log(63)$.

Méthode pour résoudre l'exercice

- **On utilise les propriétés du logarithme.**
- **En utilisant l'égalité $\log(10^x) = x$:**
$A = \log(100) = \log(10^2) = 2$.
- **En utilisant l'égalité $\log(ab) = \log(a) + \log(b)$:**
$B = \log(20) = \log(2 \times 10) = \log(2) + \log(10) = \log(2) + 1$.
- **En utilisant l'égalité $\log(a^x) = x\log(a)$:**
$C = \log(16) = \log(2^4) = 4\log(2)$.
- **En utilisant les égalités précédentes, on obtient :**
$D = 6\log(200) = 6\log(2 \times 100) = 6(\log(2) + \log(100))$;
$D = 6(\log(2) + \log(10^2)) = 6(\log(2) + 2)$;
$D = 6\log(2) + 12$.
$E = \log(63) = \log(7 \times 9) = \log(7) + \log(9) = \log(7) + \log(3^2)$;
$E = \log(7) + 2\log(3)$.

S'entraîner

Exercice 1

Écrire chacun des nombres suivants en fonction de log(2) et de log(3).
$A = \log(12)$; $B = 4\log(60)$; $C = \log(0{,}12) + \log(36)$.

Solution

- $A = \log(12) = \log(4 \times 3) = \log(2^2) + \log(3) = 2\log(2) + \log(3)$.
- $B = 4\log(60) = 4\log(6 \times 10) = 4(\log(6) + \log(10)) = 4\log(2 \times 3) + 4\log(10)$; $B = 4(\log(2) + \log(3)) + 4 = 4\log(2) + 4\log(3) + 4$.
- $C = \log(0{,}12) + \log(36) = \log(12 \times 10^{-2}) + \log(6^2)$;
  $C = \log(12) + \log(10^{-2}) + 2\log(6)$;
  $C = \log(2 \times 6) - 2 + 2\log(2 \times 3) = \log(2) + \log(6) - 2 + 2\log(2) + 2\log(3)$;
  $C = \log(2) + \log(2 \times 3) - 2 + 2\log(2) + 2\log(3)$;
  $C = \log(2) + \log(2) + \log(3) - 2 + 2\log(2) + 2\log(3) = 4\log(2) + 3\log(3) - 2$.

Exercice 2

Pour chaque cas, une seule proposition est vraie ; déterminer laquelle.

1. $\log(10^{-3})$ égal	**a)** 3 ;	**b)** -30 ;	**c)** -3 ;	**d)** 0,001.
2. $4\log(10^2)$ égal	**a)** 400 ;	**b)** 8 ;	**c)** 4 ;	**d)** 100.
3. $4\log(3^x)$ égal	**a)** $4x$;	**b)** $4x\log(3)$;	**c)** $x\log(12)$;	**d)** $x\log(3)$.
4. $\log(5^x)$ égal	**a)** $x\log(5)$;	**b)** 5 ;	**c)** $5\log(x)$;	**d)** x.

Solution p.114

Exercice 3

Pour chaque cas, répondre par Vrai ou Faux.

1. $\log(0{,}6) < 0$. Vrai ou faux ?

2. $\log(2^x) = \log(3)$ équivaut à $x\log(2) = \log(3)$. Vrai ou faux ?

3. $x\log(2) < \log(3)$ équivaut à $x < \dfrac{\log(3)}{\log(2)}$ Vrai ou faux ?

4. $x\log(0{,}3) > \log(3)$ équivaut à $x < \dfrac{\log(3)}{\log(0{,}3)}$ Vrai ou faux ?

5. $x\log(0{,}9) \leqslant \log(3)$ équivaut à $x \leqslant \dfrac{\log(3)}{\log(0{,}9)}$ Vrai ou faux ?

6. $x\log(5) < \log(3)$ équivaut à $x > \dfrac{\log(3)}{\log(5)}$ Vrai ou faux ?

Solution p.114

33 Résoudre une équation $a^x = b$ ou une inéquation $a^x < b$ ou $a^x > b$

Mémoriser

1 Ce qu'il faut savoir

a et b sont des nombres réels strictement positifs et $a \neq 1$.

- L'équation $a^x = b$ a une solution dans $\mathbb{R}$, le nombre $\dfrac{\log(b)}{\log(a)}$.
- L'ensemble des solutions, dans $\mathbb{R}$, de l'inéquation $a^x < b$ est :

$$\left]\frac{\log(b)}{\log(a)};+\infty\right[\text{ si } 0 < a < 1 \text{ et } \left]-\infty;\frac{\log(b)}{\log(a)}\right[\text{ si } a > 1.$$

- L'ensemble des solutions, dans $\mathbb{R}$, de l'inéquation $a^x > b$ est :

$$\left]-\infty;\frac{\log(b)}{\log(a)}\right[\text{ si } 0 < a < 1 \text{ et } \left]\frac{\log(b)}{\log(a)};+\infty\right[\text{ si } a > 1.$$

2 Comment résoudre une équation $a^x = b$ ou une inéquation $a^x < b$ ou $a^x > b$?

Une situation : énoncé de l'exercice

Résoudre dans $\mathbb{R}$:

a) l'équation $0{,}4^x = 3$; **b)** l'inéquation $0{,}4^x > 3$.

Méthode pour résoudre l'exercice

a) • **On résout l'équation par équivalences successives :**

$0{,}4^x = 3$ équivaut successivement à $\log(0{,}4^x) = \log(3)$;

$x\log(0{,}4) = \log(3)$; $x = \dfrac{\log(3)}{\log(0{,}4)}$, car $\log(0{,}4) \neq 0$.

• **On conclut en donnant éventuellement une valeur décimale arrondie de la solution :**

la solution de l'équation $0{,}4^x = 3$ est le nombre $\dfrac{\log(3)}{\log(0{,}4)}$ dont une valeur décimale arrondie à 0,1 près est $-1{,}2$.

b) • **On résout l'inéquation par équivalences successives :**

$0{,}4^x > 3$ équivaut successivement à $\log(0{,}4^x) > \log(3)$;

$x\log(0{,}4) > \log(3)$; $x < \dfrac{\log(3)}{\log(0{,}4)}$, car $\log(0{,}4) < 0$.

• On conclut : l'ensemble des solutions de l'inéquation $0{,}4^x > 3$

est $\left]-\infty;\dfrac{\log(3)}{\log(0{,}4)}\right[$.

S'entraîner

Exercice 1

Résoudre dans $\mathbb{R}$:

a) l'équation $1{,}5^x = 2$;

b) l'inéquation $1{,}5^x \leqslant 2$.

Solution

a) $1{,}5^x = 2$ équivaut successivement à $\log(1{,}5^x) = \log(2)$;

$x\log(1{,}5) = \log(2)$; $x = \dfrac{\log(2)}{\log(1{,}5)}$, car $\log(1{,}5) \neq 0$. La solution de l'équation $1{,}5^x = 2$ est le nombre $\dfrac{\log(2)}{\log(1{,}5)}$ dont une valeur décimale arrondie à 0,1 près est 1,7.

b) $1{,}5^x \leqslant 2$ équivaut successivement à $\log(1{,}5^x) \leqslant \log(2)$;

$x\log(1{,}5) \leqslant \log(2)$; $x \leqslant \dfrac{\log(2)}{\log(1{,}5)}$, car $\log(1{,}5) > 0$. L'ensemble des solutions de l'inéquation $1{,}5^x \leqslant 2$ est $\left]-\infty\,;\dfrac{\log(2)}{\log(1{,}5)}\right]$.

Exercice 2

On admet que la valeur marchande d'une machine est donnée en fonction du temps t, en années, par la fonction v définie sur [0 ; 10] par $v(t) = 3\,000 \times (0{,}78)^t$.

1. Résoudre l'équation $v(t) = 528$, (t arrondi à l'unité), puis interpréter le résultat.

2. Déterminer à partir de quelle année la valeur marchande de la machine sera inférieure au tiers de sa valeur initiale.

Solution p.114

Exercice 3

On admet que la population d'une ville est donnée en fonction du temps t, en années, par la fonction p définie sur [0 ; 20] par $p(t) = 45\,000 \times (1{,}03)^t$.

1. Résoudre l'équation $p(t) = 52\,167$ (t arrondi à l'unité), puis interpréter le résultat.

2. Déterminer à partir de quelle année la population de la ville aura dépassé 62 000 habitants.

Solution p.115

Baccalauréat ST2S, Métropole

EXERCICE 1 ***(QCM 5 points)***

Cet exercice est un questionnaire à choix multiples (QCM). Pour chaque question, trois propositions sont données, une seule est exacte.
Le candidat indiquera sur la copie le numéro de la question suivi de la proposition qu'il juge exacte.
Une réponse exacte rapporte un point. Une réponse inexacte ou l'absence de réponse n'ajoute ni ne retire aucun point.

Aucune justification n'est demandée.
On pourra s'aider d'un tableau ou d'un arbre.

Un orthophoniste étudie sa clientèle sur l'année qui vient de s'écouler. Sur 620 clients, il remarque que :
- 75 % sont des personnes mineures ;
- 30 % sont de sexe féminin ;
- 31 clients sont des hommes majeurs.

Il choisit au hasard la fiche de l'un de ses patients. On note :
m l'événement : « la fiche est celle d'une personne mineure » ;
$\bar{m}$ l'événement contraire de m : « la fiche est celle d'une personne majeure » ;
H l'événement : « la fiche est celle d'une personne de sexe masculin » ;
$\bar{H}$ l'événement contraire de H.
Les résultats proposés sont arrondis à 0,01 près.

1. La probabilité que la fiche soit celle d'un homme majeur est :
❑ 0,05 ❑ 0,07 ❑ 0,31

2. La probabilité que la fiche soit celle d'une femme mineure est :
❑ 0,10 ❑ 0,13 ❑ 0,33

3. La probabilité que la fiche soit celle d'une personne majeure ou d'une personne de sexe masculin est :
❑ 0,05 ❑ 0,90 ❑ 0,95

4. L'événement : « la fiche est celle d'une femme ou d'une personne mineure » est :
❑ $m \cup H$ ❑ $m \cap \bar{H}$ ❑ $m \cup \bar{H}$

5. Sachant que l'on a tiré une fiche d'une personne mineure, la probabilité que ce soit une femme est :
❑ 0,10 ❑ 0,13 ❑ 0,33

EXERCICE 2 *(7 points)*

Le tableau suivant, extrait d'une feuille d'un tableur, donne la consommation de soins et de biens médicaux, en milliards d'euros, depuis l'année 2000.

Consommation de soins et de biens médicaux à partir de 2000

	A	B	C	D	E	F	G	H	I
1	Année	2000	2001	2002	2003	2004	2005	2006	2007
2	Rang de l'année : x_i	0	1	2	3	4	5	6	7
3	Dépenses en milliards d'euros : y_i	115,1	151,2	121,7	129,5	137,9	144,9	156,5	163,8
4	Evolution en pourcentage								

Champ : France métropolitaine et Dom. Source : Drees, comptes de la santé (base 2000).

Il n'est pas demandé de compléter le tableau.

Partie A Droite d'ajustement

On suppose que la droite d'ajustement entre le rang de l'année x et les dépenses en milliards d'euros y a pour équation : $y = 7x + 115$.
En utilisant cette équation, déterminer le montant des dépenses en 2010.

Partie B Évolution

1. Quel est le pourcentage d'évolution global entre 2000 et 2007, à 0,1 % près ?
2. On veut déterminer l'évolution en pourcentage entre deux années consécutives. Quelle formule doit-t-on entrer en C4, pour déterminer le taux d'évolution des dépenses entre 2000 et 2001 et pouvoir recopier vers la droite cette formule jusqu'en I4 ?

Partie C Limitation des dépenses

Afin de mieux maîtriser les dépenses de santé, le gouvernement souhaitait, à partir de 2008, que les dépenses liées à la consommation de soins et de biens médicaux n'augmentent que de 2 % par année.
On modélise cette évolution par une suite.
On désigne par u_n le montant maîtrisé des dépenses pour l'année $(2007 + n)$ en milliards d'euros. On a donc $u_0 = 163{,}8$.
1. Calculer la valeur de u_1 (donner la valeur exacte).
2. Quelle est la nature de la suite (u_n) ? On précisera les éléments caractéristiques de la suite.
3. Exprimer u_n en fonction de n.
4. En supposant que cette modélisation reste valable jusqu'en 2015, à combien peut-on estimer le montant des dépenses en 2015 ? (Le résultat sera arrondi à 10^{-3} près.)

EXERCICE 3 *(8 points)*

On a étudié jusqu'à l'année 2008 le parcours professionnel des personnes ayant obtenu en 2000 un diplôme de la santé ou du social (niveau III).
Le nombre x représente le temps écoulé en années depuis l'obtention de leur diplôme. On considèrera que x appartient à l'intervalle $\left[\frac{1}{12} ; 8\right]$.

Partie A

On étudie le pourcentage de ces personnes ayant un contrat de travail.

Le pourcentage est modélisé par la fonction f définie sur l'intervalle $\left[\frac{1}{12} ; 8\right]$,

par $f(x) = 88 + 10 \times \log(x)$, où log désigne le logarithme décimal.

1. Quel est le pourcentage de personnes ayant un contrat de travail au bout de 2 ans, puis de 3 ans et 6 mois à 1 % près ?

2. Résoudre l'inéquation $f(x) > 94$. Interpréter ce résultat.

Partie B

On étudie dans cette partie parmi les personnes qui avaient un contrat de travail, la part de ceux qui travaillaient pour le secteur public.
Le pourcentage de ces personnes travaillant pour le secteur public est modélisé par la fonction g définie sur l'intervalle $\left[\frac{1}{12} ; 8\right]$, par
$g(x) = -0{,}7x^2 + 7{,}7x + 45$.

En utilisant la courbe $\mathscr{C}_g$ donnée en annexe :

1. Déterminer graphiquement au bout de combien de temps le pourcentage de personnes travaillant pour le secteur public est maximal. Calculer ce pourcentage.

2. Calculer $g'(x)$ où g' est la dérivée de g. Recopier et compléter le tableau de variations de la feuille annexe.

3. *Dans cette question, toute trace de recherche, même incomplète, ou d'initiative, même infructueuse, sera prise en compte dans l'évaluation.*
Déterminer graphiquement pendant quelle durée ce pourcentage est supérieur à 65 %.
Faire apparaître les traits de construction sur le graphique.

Annexe à rendre avec la copie

x	$\frac{1}{12}$ ... 8
Signe de $g'(x)$	
$g(x)$	45,6 61,8

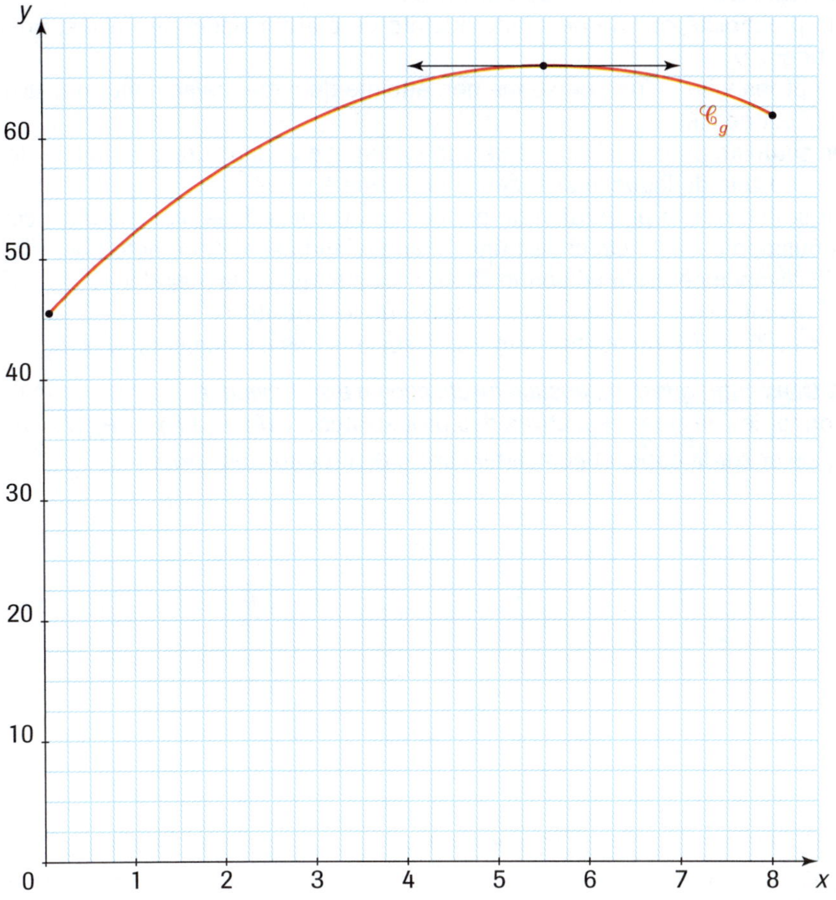

Solution p.116

S'entraîner BAC

Baccalauréat ST2S, Nouvelle-Calédonie

EXERCICE 1 *(6 points)*

Un laboratoire propose un test de dépistage d'une certaine maladie. Ce test présente les caractéristiques suivantes :

- la probabilité qu'une personne atteinte de cette maladie ait un test positif est de 0,97 ;
- la probabilité qu'une personne non atteinte de cette maladie ait un test négatif est de 0,99.

On souhaite procéder à un dépistage systématique dans une population donnée, au sein de laquelle s'est déclenchée une épidémie.

On admet que la proportion de personnes atteintes de la maladie dans cette population est 4 %. On choisit une personne au hasard et on note :

- M l'événement : « la personne choisie est atteinte de la maladie » ;
- T l'événement : « la personne choisie a un test positif » ;
- $\overline{M}$ et $\overline{T}$ les événements contraires respectifs des événements M et T.

1. *Dans cette question, aucune justification n'est demandée.*

Donner les valeurs respectives des probabilités $P(M)$, $P_M(T)$ et $P_{\overline{M}}(\overline{T})$, puis recopier sur la copie et compléter l'arbre de probabilités suivant :

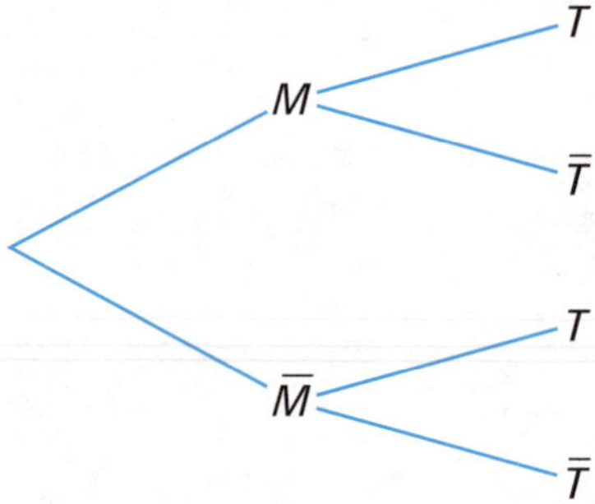

2. Définir par une phrase l'événement $M \cap T$, puis calculer sa probabilité.

3. On admet que le résultat du test est correct s'il est conforme à l'état de santé de la personne soumise au dépistage.

Justifier soigneusement l'affirmation suivante : « la probabilité que le résultat du test soit correct est égale à 0,989 2 ».

4. Dans cette question, on arrondira le résultat à 10^{-4} près.
On appelle valeur prédictive d'un test de dépistage la probabilité qu'une personne présentant un test positif soit atteinte de la maladie.
a) Calculer $P(T)$.
b) En déduire la valeur prédictive de ce test.

EXERCICE 2 *(7 points)*

Une maladie est apparue dans un pays au cours de l'année 2007 ; 397 cas ont été enregistrés au cours de cette année-là.
On a reproduit ci-dessous une feuille de calcul, réalisée sur un tableur, dans laquelle figurent des informations sur l'évolution du nombre de nouveaux cas diagnostiqués pour la période 2007-2010.

	A	B	C	D	E
1	Année	2007	2008	2009	2010
2	Nombre de nouveaux cas	397	429	463	500
3	Taux d'évolution annuel (à 0,01 % près)		8,06%	7,93%	7,99%

Les cellules de la ligne 3 sont au format pourcentage.

1. Combien de nouveaux cas a-t-on recensés entre le 1er janvier 2007 et le 31 décembre 2010 ?

2. Quelle formule entrée en C3, puis recopiée vers la droite jusqu'en E3, a permis d'obtenir les valeurs figurant dans la ligne 3 du tableau ?

Dans la suite, on considère que, dans l'attente d'un traitement ou d'un vaccin, le nombre de nouveaux cas va continuer à augmenter de 8 % par an. On note u_0 le nombre de nouveaux cas en 2010, n le nombre d'années écoulées depuis 2010 et u_n le nombre de nouveaux cas au cours de l'année $(2010 + n)$.

3. Préciser la nature, le premier terme et la raison de la suite (u_n), puis exprimer u_n en fonction de n.

4. Quelle estimation du nombre (arrondi à l'unité) de nouveaux cas peut-on faire pour l'année 2020 si la progression se poursuit au même rythme ?

5. a) Résoudre dans $\mathbb{R}$ l'inéquation $1{,}08^x \geq 3$.
b) En quelle année peut-on estimer que le nombre de nouveaux cas dépassera 1 500 ?

Toute trace de recherche, même incomplète, ou d'initiative, même infructueuse, sera prise en compte dans l'évaluation.

6. a) Calculer $\sum_{n=1}^{11} u_n = u_1 + u_2 + \ldots + u_{11}$ (voir formulaire ci-après).

b) En déduire une estimation du nombre total (arrondi à l'unité) de personnes qui auront contracté la maladie au cours des quinze années suivant son apparition (c'est-à-dire des années 2007 à 2021).

Formulaire :
La somme de p termes consécutifs d'une suite géométrique (u_n), de raison q différente de 1, se calcule de la manière suivante :

$$\sum_{n=1}^{p} u_n = u_1 + u_2 + \dots + u_p = u_1 \times \frac{1-q^p}{1-q}.$$

EXERCICE 3 *(7 points)*

Dans un milieu de culture, une population bactérienne évolue en fonction du temps.
Au début de l'étude, il y a 10 000 bactéries dans la culture. Au bout de 3 heures, on y introduit un puissant antibiotique.
Dans tout l'exercice, t désigne le temps (exprimé en heures) écoulé depuis le début de l'étude.
Le graphique ci-dessous donne l'évolution du nombre de bactéries (exprimé en dizaines de milliers) en fonction de t.

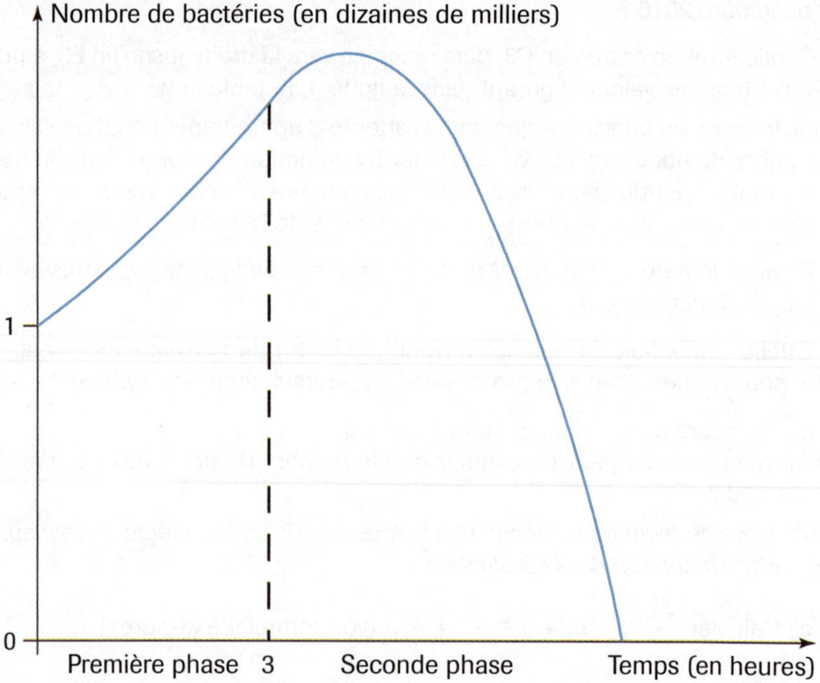

Partie A Étude de la première phase - Avant introduction de l'antibiotique

Au cours de la première phase, le nombre de bactéries (exprimé en dizaines de milliers), est donné en fonction de t par $f(t) = 1{,}2^t$.

1. Donner, en justifiant, le sens de variation de f sur l'intervalle [0 ; 3].

2. Déterminer par le calcul le nombre de bactéries présentes dans la culture au bout d'une heure et demie, puis au bout de trois heures.
Les résultats seront arrondis à 10^{-3} près.

Partie B Étude de la seconde phase - Après introduction de l'antibiotique

Après introduction de l'antibiotique, et tant qu'il reste des bactéries dans la culture, le nombre de celles-ci (exprimé en dizaines de milliers), est donné en fonction de t par $g(t) = -0{,}153\,6t^2 + 1{,}228\,8t - 0{,}576$.

1. Calculer l'image de 7,5 par la fonction g, puis interpréter le résultat obtenu.

2. Calculer $g'(t)$ pour t appartenant à [3 ; 7,5], où g' désigne la fonction dérivée de g.

3. Résoudre l'inéquation $g'(t) \geq 0$ dans l'intervalle [3 ; 7,5].
En déduire le sens de variation de g sur [3 ; 7,5].

4. Que se passe-t-il au cours de la première heure suivant l'introduction de l'antibiotique ?
Et au cours des trois heures et demie suivantes ?

5. L'introduction de l'antibiotique a-t-elle permis d'éviter que le nombre de bactéries n'atteigne 20 000 ? Justifier.

Solution p.119

S'entraîner BAC

Baccalauréat ST2S, Métropole, juin 2012

EXERCICE 1 *(5 points)*

Un sondage sur la biodiversité a été effectué en France parmi 1 000 personnes. Les résultats du sondage sont répartis dans le tableau ci-dessous par catégorie socioprofessionnelle des personnes interrogées.

	Nombre de personnes qui ont entendu parler de la biodiversité	Nombre de personnes n'ayant jamais entendu parler de la biodiversité	TOTAL
Nombre de personnes appartenant à une catégorie socioprofessionnelle favorisée ou très favorisée	360	40	400
Nombre de personnes appartenant à une catégorie socioprofessionnelle moyenne ou défavorisée	430	170	600
TOTAL	790	210	1 000

1. On choisit au hasard une personne parmi toutes les personnes interrogées. On considère les événements suivants :

A : « la personne choisie appartient à une catégorie socioprofessionnelle moyenne ou défavorisée » ;

B : « la personne choisie a entendu parler de la biodiversité ».

Pour chacune des questions suivantes, on donnera les résultats sous forme décimale, arrondie au centième.

a) Calculer la probabilité de chacun des événements A et B.

b) Définir par une phrase chacun des événements $A \cap B$ et $A \cup B$, puis calculer leur probabilité.

2. a) Sachant que la personne choisie appartient à une catégorie socioprofessionnelle moyenne ou défavorisée, calculer la probabilité que cette personne ait entendu parler de la biodiversité.

b) Calculer la probabilité $P_B(A)$.

EXERCICE 2 *(8 points)*

Partie A

Le tableau ci-dessous, extrait d'une feuille de calcul, donne l'évolution de la production de déchets municipaux, par kg et par habitant, en France, depuis l'année 2001.

	A	B	C	D	E	F	G	H	I
1	Année	2001	2002	2003	2004	2005	2006	2007	2008
2	Rang de l'année, x_i	1	2	3	4	5	6	7	8
3	Production en kg par habitant et par an de déchets municipaux, y_i	480	496	510	520	531	536	543	539
4	Taux d'évolution entre deux années consécutives (en %)								

Source : *Ademe (Agence de l'énergie et de la maîtrise de l'environnement)*

1. a) Calculer le taux d'évolution de la production de déchets municipaux, en kg par habitant, entre l'année 2001 et l'année 2002. On donnera le résultat en pourcentage, arrondi à 0,1 %.

b) Quelle formule doit on rentrer dans la cellule C4, qui recopiée vers la droite, donne le pourcentage d'évolution de la production de déchets municipaux par habitant entre deux années consécutives ? (*On admet que les cellules C4 à I4 sont en pourcentages*).

2. a) Sur une feuille de papier millimétré, à remettre avec la copie, représenter le nuage de points de coordonnées $(x_i\,;\,y_i)$, dans un repère orthogonal d'unités graphiques : 1 cm pour une unité sur l'axe des abscisses, 1 cm pour 10 kg par habitant sur l'axe des ordonnées. On commencera la graduation à 470 kg par habitant sur l'axe des ordonnées.

b) Déterminer les coordonnées du point moyen G de ce nuage de points et le placer dans le repère.

c) On admet que la droite Δ d'équation $y = 8{,}77x + 479{,}91$ réalise un ajustement affine du nuage de points, fiable jusqu'en 2011. Tracer la droite Δ dans le repère.

d) Déterminer alors graphiquement la production de déchets municipaux en kg par habitant pour l'année 2011.

Partie B

En 2011, un bureau d'étude a prévu de réduire la production de déchets municipaux de 7 % par habitant et par an pour atteindre moins de 390 kg de déchets par habitant et par an.
On admet que la production de déchets municipaux en kg par habitant et par an est modélisée par une suite géométrique de terme général u_n, où n désigne un entier naturel et u_n représente la production de l'année $(2011 + n)$. On a alors $u_0 = 576$.

1. a) Montrer que la raison de cette suite est égale à 0,93.

b) Calculer la production de déchets municipaux en kg par habitant en 2012. On arrondira le résultat à l'unité.

2. a) Exprimer u_n en fonction de n.

b) Calculer u_5 et u_6. En déduire l'année à partir de laquelle l'objectif du bureau d'étude sera atteint.

EXERCICE 3 *(7 points)*

Partie A

Soit la fonction f définie sur l'intervalle [0 ; 12] par $f(x) = 14 \times 0{,}97^x$.
1. On admet que sur l'intervalle [0 ; 12] la fonction f a le même sens de variation que la fonction définie par $g(x) = 0{,}97^x$. Déterminer, en justifiant votre réponse, le sens de variation de la fonction f sur l'intervalle [0 ; 12].

2. Établir le tableau de variation de la fonction f sur l'intervalle [0 ; 12].

3. Reproduire et compléter le tableau de valeurs numériques suivant, en arrondissant les résultats au dixième.

x	1	2	3	4	5	6	7	8	9	10	11	12
$f(x)$			12,8							10,3		

Partie B

On étudie à partir de l'année 2007, le nombre d'emplois créés en France par les entreprises des collectivités territoriales du traitement des ordures ménagères résiduelles. On admet que le nombre $f(x)$ défini dans la partie A représente le nombre d'emplois créés (en milliers), en fonction du rang x de l'année.
Ainsi, $x = 0$ représente l'année 2007, $x = 1$ représente l'année 2008 et ainsi de suite.
La courbe représentative de la fonction f, dans un repère orthogonal du plan est donnée en annexe (à remettre avec la copie).

1. Déterminer à l'aide du graphique, en laissant les traits de constructions apparents :

a) $f(5)$;

b) l'année au cours de laquelle le nombre d'emplois créés est de 11 500 ;

c) à partir de quelle année, le nombre d'emplois créés deviendra inférieur à 12 750.

2. Résoudre par le calcul, l'inéquation $f(x) \leq 10$ (on donnera la valeur exacte des extrémités de l'intervalle solution, puis une valeur approchée arrondie à l'unité). Donner une interprétation de ce résultat.

3. À partir de quelle année, le nombre d'emplois créés aura-t-il diminué de 25 % par rapport à l'année 2007 ?

Annexe à rendre avec la copie : Exercice 3

Nombre d'emplois en milliers

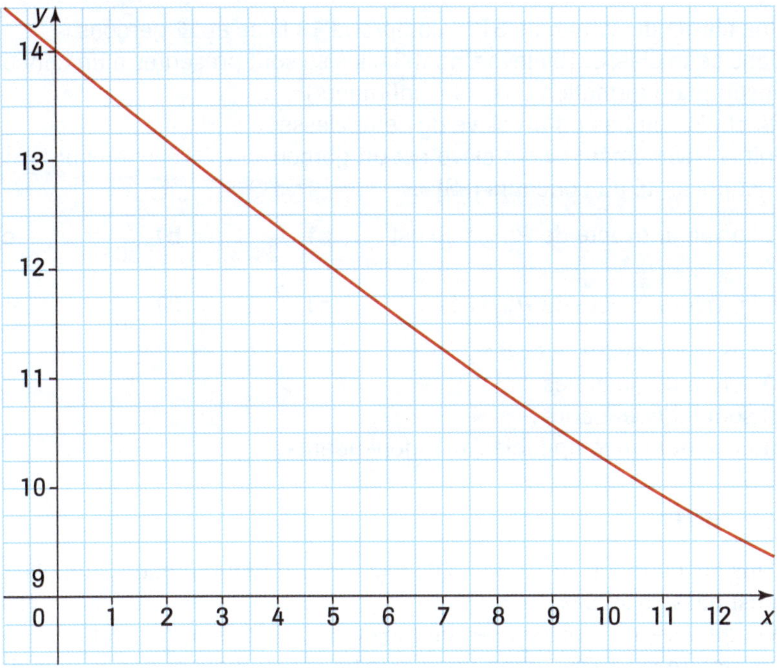

Années écoulées depuis 2007

Solution p.122

S'entraîner BAC

Baccalauréat ST2S, Polynésie, juin 2012

EXERCICE 1 *(QCM 6 points)*

Cet exercice est un questionnaire à choix multiples. Aucune justification n'est demandée.
Pour chacune question, une seule des réponses proposées est correcte.
Chaque réponse correcte rapporte un point. Une réponse erronée ou une absence de réponse n'ôte pas de point.
On notera sur la copie le numéro de la question, suivi de la lettre correspondant à la réponse choisie.

Partie A

Une classe de Terminale ST2S comprend 18 filles et 12 garçons.
Dans cette classe, 15 élèves, dont 8 filles se sont présentés à un concours IFSI (instituts de formation aux soins infirmiers).
On choisit au hasard un élève de cette classe.
Soit A l'événement : « cet élève est un garçon » et B l'événement : « cet élève s'est présenté au concours IFSI ».

1. La valeur exacte de $P(A \cap B)$ est : **a)** $\frac{7}{12}$; **b)** $\frac{7}{30}$; **c)** $\frac{7}{15}$.

2. La valeur exacte de $P_A(B)$ est : **a)** $\frac{7}{12}$; **b)** $\frac{7}{30}$; **c)** $\frac{7}{15}$.

3. Les événements A et B :
a) sont incompatibles ;
b) sont indépendants ;
c) ne sont ni incompatibles, ni indépendants.

Partie B

Dans les banques, le 1er août 2011, le taux de rémunération annuelle du livret A est passé à 2,25 %.
À cette date, on a placé une somme de 800 euros sur un livret A.
On s'intéresse à l'évolution de ce capital, en supposant que le taux de rémunération du livret A reste stable pour les dix années à venir.

1. La valeur du capital le 1er août 2012 sera de :
a) 827 € ; **b)** 802,25 € ; **c)** 818 €.

2. On note $u_0 = 800$ et u_n le capital acquis le 1er août de l'année 2011 + n.
On a entré les données ci-après dans un tableur :

	A	B	C	D	E
1	n	u_n			
2	0	800			
3	1				
4	2				
5	3				
6	4				
7	5				
8	6				
9	7				
10	8				
11	9				
12	10				
13					

La formule à saisir dans la cellule B3, qui permettra d'afficher les valeurs de u_n par une recopie automatique vers le bas, est :

a) =800*1,0225 ; **b)** =B2*1,0225 ; **c)** =$B$2*1,0225.

3. En considérant que le taux de rémunération reste constant jusqu'en 2020, la valeur du capital, arrondie au centime, le 1er août de l'année 2020 serait :

a) 999,36 € ; **b)** 977,37 € ; **c)** 820,25 €.

EXERCICE 2 *(7 points)*

Le tableau suivant donne l'espérance de vie à la naissance des hommes et des femmes ; elle est exprimée en années.

Année de naissance	Rang de l'année, x_i	Espérance de vie des femmes, y_i	Espérance de vie des hommes, z_i
1990	0	81	72,7
1994	4	81,8	73,6
1996	6	82	74,1
1998	8	82,4	74,7
2000	10	82,8	75,3
2006	16	84,1	77,2
2009	19	84,5	77,8

Source : *INSEE*. Champ : *France métropolitaine*

Partie A

Expliciter par une phrase ce que représente le nombre 75,3 dans le tableau ci-dessus.

Partie B

On s'intéresse maintenant à la série des espérances de vie des femmes.

1. La feuille de papier millimétré fournie sera prise en format « paysage ». Dans un repère orthogonal, représenter le nuage de points de coordonnées $(x_i ; y_i)$, où x_i représente le rang de l'année et y_i représente l'espérance de vie des femmes à la naissance. Unités graphiques : 1 cm représente une unité sur l'axe des abscisses et 2 cm représentent une année sur l'axe des ordonnées. On graduera l'axe des abscisses à partir de la valeur 0 et l'axe des ordonnées à partir de la valeur 80.

2. On note G le point moyen du nuage.

Calculer les coordonnées de G. On arrondira les résultats à 0,1 près.

3. Déterminer une équation de la droite $\mathscr{D}$ de coefficient directeur 0,2 et qui passe par G.

4. Placer G sur le graphique et tracer la droite $\mathscr{D}$.
Dans cette question, on considère que la droite $\mathscr{D}$ a pour équation
$y = 0{,}2x + 80{,}9$. Elle réalise un bon ajustement du nuage de points. On suppose que cet ajustement reste valable au-delà de l'année 2009.
a) En utilisant cet ajustement, déterminer graphiquement l'espérance de vie d'une femme née en 2015 en France métropolitaine.
b) En utilisant cet ajustement, déterminer, par le calcul, l'année de naissance d'une femme qui pourra envisager une espérance de vie de 86 ans et demi.

EXERCICE 3 *(7 points)*

Les parties de cet exercice sont indépendantes.
On injecte à une femme malade une dose de médicament.
La quantité de médicament (exprimée en cm^3) présente dans le sang de la malade, au bout du temps t (exprimé en heures), est donnée par la fonction f définie sur l'intervalle [0 ; 8] par $f(t) = 3 \times 0{,}86^t$.
On donne en annexe, à rendre avec la copie, un graphique sur lequel figure la courbe représentative $\mathscr{C}$ de la fonction f, ainsi que la tangente à la courbe $\mathscr{C}$ au point d'abscisse 4.

Partie A

1. Calculer $f(1)$. Retrouver cette valeur sur le graphique (on laissera apparents les traits de construction). Interpréter cette valeur.

2. Résoudre graphiquement l'équation $f(t) = 1{,}5$. On laissera apparents les traits de construction sur l'annexe, à rendre avec la copie.

3. a) Calculer la quantité de médicament restant dans le sang de la malade au bout de 8 heures. On arrondira ce résultat à 0,1 près.

b) Quel pourcentage représente cette quantité par rapport à la quantité initialement injectée ?

4. Déterminer, par le calcul, le temps nécessaire pour que la quantité de médicament dans le sang de la malade diminue de moitié. On donnera le résultat arrondi à 0,01 près, puis on convertira ce résultat en heures et minutes. Quel résultat précédent retrouve-t-on ainsi ?

Partie B

Dans cette question, toute prise d'initiative, même non aboutie, sera valorisée.
On rappelle que la fonction f' fonction dérivée de la fonction f, exprime la vitesse d'évolution de la quantité de médicament à un instant donné. Elle s'exprime en cm^3/h.
Quel élément du graphique apporte un renseignement sur la vitesse d'évolution de la quantité de médicament au bout de 4 heures ? Donner une valeur approchée de cette vitesse d'évolution. On laissera apparents les traits de construction sur l'annexe, à rendre avec la copie.

Partie C

On injecte maintenant ce même médicament à un homme malade.
Sur l'intervalle [0 ; 8] la fonction donnant la quantité de médicament (exprimée en cm^3) présente dans le sang du malade, après un temps t (exprimé en heures), est du type $g(t) = k \times a^t$.
On souhaite déterminer les valeurs des réels k et a en utilisant les données suivantes.
1. La quantité injectée au malade à l'instant $t = 0$ est de 5 cm^3.
En déduire la valeur du nombre réel k.
2. Au bout d'une heure, la quantité de médicament présente dans le sang du malade s'élève à 4,45 cm^3. En déduire la valeur du nombre réel a.
Conclure en donnant l'expression de $g(t)$.

Annexe à rendre avec la copie : Exercice 3

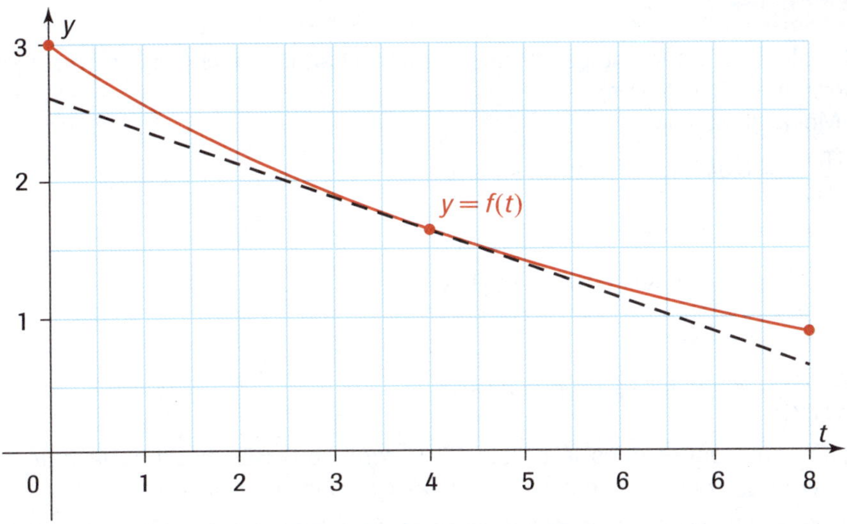

Solution p.126

Pourcentages

1 Calculer un pourcentage

Exercice 2 (p. 9)

• L'effectif total de l'échantillon est 308 et l'effectif total de garçons est 180. On en déduit l'effectif total de filles : 308 – 180 = 128.
• L'effectif de filles âgées de 3 à 5 ans est 128 × 0,375 = 48 et cet effectif représente un tiers des enfants de 3 à 5 ans : 48 × 3 = 144.
On en déduit l'effectif de garçons âgés de 3 à 5 ans : 144 – 48 = 96.
• L'effectif de filles âgées de 1 à 3 ans est 308 × 0,25 = 77.
On en déduit l'effectif de filles âgées de 0 à 12 mois : 128 – 77 – 48 = 3, puis l'effectif de garçons âgés de 0 à 12 mois : 3.
• Les autre effectifs s'obtiennent par addition ou soustraction.

Âge \ Sexe	Garçon	Fille	Total
0 à 12 mois	3	3	6
1 à 3 ans	81	77	158
3 à 5 ans	96	48	144
Total	180	128	308

Exercice 3 (p. 9)

1. Calcul du pourcentage de décès selon chaque tranche d'âge (résultats arrondis à 0,01 % près).
• Moins de 45 ans :

$\frac{1\,848}{41\,621} \approx 0{,}044\,4$, soit environ 4,44 %.

• Entre 45 et 74 ans :

$\frac{11\,241}{41\,621} \approx 0{,}270\,1$, soit environ 27,01 %.

• Plus de 74 ans :

$\frac{28\,532}{41\,621} \approx 0{,}685\,5$, soit environ 68,55 %.

2. On peut entrer dans la cellule C2 la formule =B2/41621 ou la formule =B2/$B$5, puis on la recopie vers le bas jusqu'à la cellule C5.
On obtient le résultat écrit sous forme décimale si le format du nombre est « standard » ou sous forme de pourcentage si le format du nombre est « pourcentage ».

2 Calculer un taux d'évolution

Exercice 2 (p. 11)

1. On note y_1 le chiffre d'affaires annuel de l'officine l'an passé et y_2 le chiffre d'affaires annuel de l'officine cette année.

Ainsi, $y_1 = 600\,000$ et $y_2 = 630\,000$.

$$\frac{y_2 - y_1}{y_1} = \frac{630\,000 - 600\,000}{600\,000} = 0{,}05 = 5\ \%.$$

Le chiffre d'affaires annuel de l'officine a augmenté de 5 % en un an.

2. On note y_1 l'effectif d'hommes il y a 5 ans et y_2 l'effectif d'hommes cette année. Ainsi, $y_1 = 5$ et $y_2 = 2$.

$$\frac{y_2 - y_1}{y_1} = \frac{2-5}{5} = -0{,}6 = -60\ \%.$$

L'effectif d'hommes employés a diminué de 60 % en cinq ans.

Exercice 3 (p. 11)

1. Tableau.

◇	A	B	C	D	E
1	Médicaments	Prix (en €) l'année 1	Prix (en €) l'année 2	Variation absolue du prix	Taux d'évolution du prix
2	A	10,00	9,50	-0,50	-5,00%
3	B	7,50	9,00	1,50	20,00%
4	C	13,50	12,00	-1,50	-11,11%
5	D	11,00	11,50	0,50	4,55%
6	E	5,00	5,50	0,50	10,00%

Exemple de calcul pour le médicament *A* :

• Variation absolue du prix de l'année 1 à l'année 2 :

$9{,}5 - 10 = -0{,}5$.

• Taux d'évolution du prix de l'année 1 à l'année 2 :

$$\frac{9{,}5-10}{10} = -0{,}05 = -5\ \%.$$

2. On peut entrer dans la cellule D2 la formule `=C2-B2` et dans la cellule E2 les formules `=D2/B2` ou `=(C2-B2)/B2`.

3 Utiliser un coefficient multiplicatif

Exercice 2 (p. 13)

On note y_1 le montant de la commande et t le taux de remise.
Ainsi, $y_1 = 540$, $t = -0{,}04$ et $y_2 = 540 \times (1 - 0{,}04) = 540 \times 0{,}96 = 518{,}4$.

Le prix à payer est 518,40 €.

Exercice 3 (p. 13)

1. On note y_1 le nombre habitants aujourd'hui, y_2 le nombre habitants dans 5 ans et t le taux d'évolution de y_1 à y_2.

Le coefficient multiplicatif est 1,4, donc le taux d'évolution est
$t = 1{,}4 - 1 = 0{,}4 = 40\ \%$.

2. $y_2 = 25\,000 \times 1{,}4 = 35\,000$.

Le nombre d'habitants de l'agglomération dans 5 ans sera 35 000.

Exercice 4 (p. 13)

1. On note y_1 le prix du bouquet de 10 roses en janvier, y_2 le prix du bouquet de 10 roses en mars et t le taux d'évolution de y_1 à y_2.

Le coefficient multiplicatif est 0,75, donc le taux d'évolution est

$t = 0{,}75 - 1 = -0{,}25 = -25\ \%$.

2. $y_2 = 32 \times 0{,}75 = 24$.

Le prix du bouquet de 10 roses en mars est 24 €.

Exercice 5 (p. 13)

• Pour l'article A, on sait que $y_2 = 103{,}5$ et $t = 0{,}15$.

On a donc l'égalité $103{,}5 = (1 + 0{,}15)y_1$ équivalente à $y_1 = \dfrac{103{,}5}{1{,}15} = 90$.

Le prix de l'article A avant augmentation de 15 % était 90 €.

• Pour l'article B, on sait que $y_2 = 132$ et $t = -0{,}2$.

On a donc l'égalité $132 = (1 - 0{,}2)y_1$ équivalente à $y_1 = \dfrac{132}{0{,}8} = 165$.

Le prix de l'article B avant diminution de 20 % était 165 €.

Suites arithmétiques

4 Calculer un terme d'une suite arithmétique

Exercice 2 (p. 15)

1. Le 1er terme de la suite est u_1, donc $u_n = u_1 + (n - 1)a$, avec $u_1 = -1{,}6$ et $a = -3$.

Ainsi, $u_n = -1{,}6 - 3(n - 1) = -1{,}6 - 3n + 3 = 1{,}4 - 3n$.

2. Tableau.

◇	A	B	C	D	E	F	G	H
1	n	1	2	3	4	5	6	7
2	u_n	-1,6	-4,6	-7,6	-10,6	-13,6	-16,6	-19,6

3. On entre dans la cellule B2 la formule =1,4−3*B1.

Exercice **3** (p. 15)

1. Le 1er terme de la suite est u_0, donc $u_n = u_0 + na$, avec $u_0 = -7$ et $a = -1,2$.
Ainsi, $u_n = -7 - 1,2n$.

2. Tableau.

◇	A	B	C	D	E	F	G	H
1	n	0	1	2	3	4	5	6
2	u_n	-7	-8,2	-9,4	-10,6	-11,8	-13	-14,2

3. On entre dans la cellule B2 la formule =−7−1,2*B1.

5 Montrer qu'une suite est arithmétique

Exercice **2** (p. 17)

1. $a_1 = 25\,000 - 1\,500 = 23\,500$ et $a_2 = 23\,500 - 1\,500 = 22\,000$.
Le nombre d'abonnements diminue de 1 500 par an, donc $a_{n+1} = a_n - 1\,500$.

2. Comme $a_{n+1} = a_n - 1\,500$ équivalent à $a_{n+1} - a_n = -1\,500$, (a_n) est une suite arithmétique, de premier terme $a_0 = 25\,000$ et de raison $-1\,500$.

Exercice **3** (p. 17)

1. Ces 5 nombres forment une suite arithmétique de raison $a = 25$, car
$185 - 160 = 25$; $210 - 185 = 25$; $235 - 210 = 25$; $260 - 235 = 25$.

2. $260 + 25 = 285$ et $285 + 25 = 310$. Les nombres théoriques d'adhérents au club en 2011 et 2012 sont respectivement 285 et 310.

6 Représenter graphiquement une suite arithmétique

Exercice **2** (p. 19)

- On place le point de coordonnées (0 ; 1).
- On trace la droite passant par ce point et de coefficient directeur 1,5 ;

• On place sur cette droite quelques points de la suite de coordonnées $(1 ; u_1)$, $(2 ; u_2)$, etc.

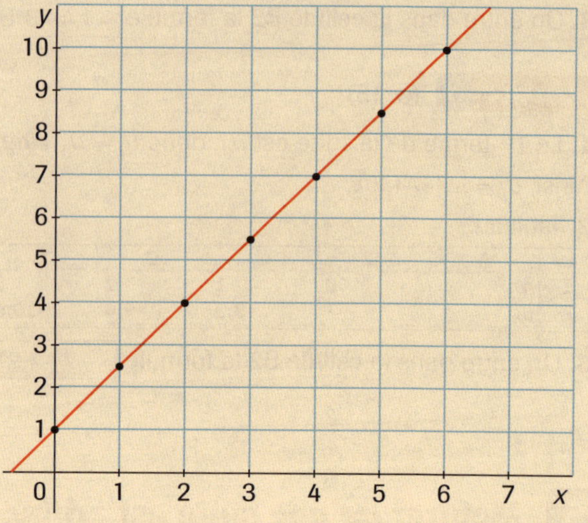

Exercice 3 (p. 19)

• On place le point de coordonnées (1 ; 7).
• On trace la droite passant par ce point et de coefficient directeur –2 ;
• On place sur cette droite quelques points de la suite de coordonnées $(2 ; v_2)$, $(3 ; v_3)$, etc.

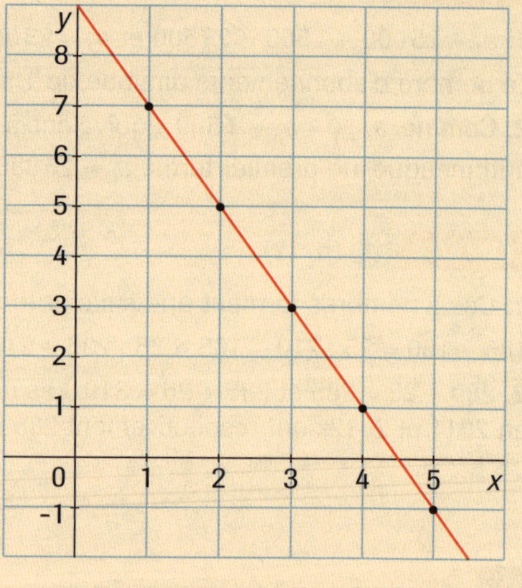

Exercice 4 (p. 19)

Le terme de rang n de la suite (u_n) est $u_n = 15 - 3(n - 1) = 18 - 3n$.

– On entre les valeurs 1 et 2 dans les cellules A1 et A2 ; on sélectionne ces deux cellules, puis on tire la poignée de remplissage vers le bas jusqu'à la cellule A10.

On entre la formule `=18–3*A1` dans la cellule B1, puis on tire la poignée de remplissage vers le bas jusqu'à la cellule B10.

– On représente graphiquement la suite (u_n). On sélectionne les colonnes A et B ; on ouvre l'assistant graphique ; on choisit « Type de graphique », puis « Nuage de points » et le sous type « Nuage de points avec marques » ; on clique sur « Terminer ».

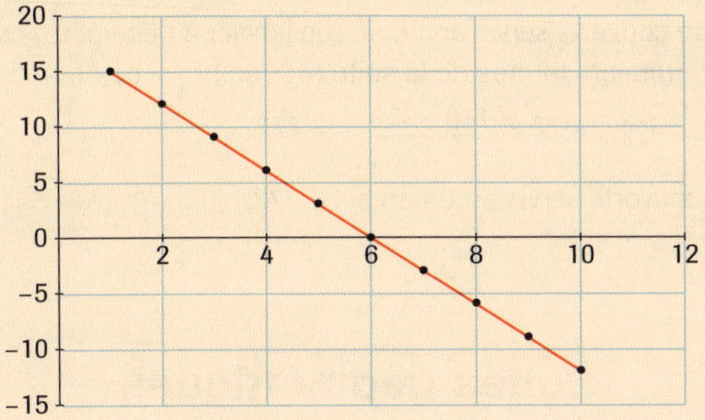

7 Déterminer le sens de variation d'une suite arithmétique

Exercice 2 (p. 21)

Puisque la droite « monte », la suite (u_n) est strictement croissante.
L'ordonnée du point d'abscisse 0 de la droite est le premier terme, donc $u_0 = 2$.
Le coefficient directeur de la droite est la raison, donc $a = 1$.

Exercice 3 (p. 21)

1. Puisque $a = 4{,}1 > 0$, la suite (u_n) est strictement croissante.

2. Puisque $a = 3 > 0$, la suite (v_n) est strictement croissante.

3. Puisque $a = -2 < 0$, la suite (w_n) est strictement décroissante.

8 Calculer la somme de termes consécutifs d'une suite arithmétique

Exercice 2 (p. 23)

1. L'énoncé précise que le nombre de couverts servis augmente de 22 par mois, donc $c_{n+1} = c_n + 22$. La suite (c_n) est donc une suite arithmétique, de premier terme $c_1 = 110$ et de raison $a = 22$.

2. Puisque c_1 est le premier terme de la suite, $c_n = c_1 + (n-1)\,a$,
Soit $c_n = 110 + 22(n-1) = 88 + 22n$.

3. Le nombre de couverts servis au mois de décembre correspond au terme c_{12} et $c_{12} = 88 + 22 \times 12 = 352$.
Le nombre de couverts servis au mois de décembre est 352.

4. Le nombre de couverts servis en un an (de janvier à décembre) correspond à la somme des 12 premiers termes de la suite (c_n), soit $c_1 + c_2 + ... + c_{12}$.

Ainsi, $c_1 + c_2 + ... + c_{12} = 12 \times \frac{110+352}{2} = 2\,772$.

Le nombre de couverts servis en un an est 2 772.

Suites géométriques

9 Calculer un terme d'une suite géométrique

Exercice 2 (p. 25)

1. Le 1er terme de la suite est u_1, donc $u_n = u_1 \times b^{n-1}$, avec $u_1 = -12$ et $b = 1,5$.
Ainsi, $u_n = -12 \times 1,5^{n-1}$.

2. Tableau.

◇	A	B	C	D	E	F	G	H
1	n	1	2	3	4	5	6	7
2	u_n	-12	-18	-27	-40,5	-60,75	-91,125	-136,69

3. On entre dans la cellule B2 la formule `=-12*1,5^(B1-1)`.

Exercice 3 (p. 25)

1. Le 1er terme de la suite est u_0, donc $u_n = u_0 \times b^n$, avec $u_0 = 9\,000$ et $b = 0,8$.
Ainsi, $u_n = 9\,000 \times 0,8^n$.

2. Tableau.

◇	A	B	C	D	E	F	G	H
1	n	0	1	2	3	4	5	6
2	u_n	9000	7200	5760	4608	3686,4	2949,12	2359,3

3. On entre dans la cellule B2 la formule `=9000*0,8^B1`.

10 Montrer qu'une suite est géométrique

Exercice 2 (p. 27)

1. $p_1 = 5\,000 \times (1 - 0{,}15) = 5\,000 \times 0{,}85 = 4\,250$ et $p_2 = 4\,250 \times 0{,}85 = 3\,612{,}5$.

Le prix du matériel diminue de 15 % par an, donc le coefficient multiplicatif associé est 0,85 et $p_{n+1} = 0{,}85p_n$.

2. Comme $p_{n+1} = 0{,}85p_n$, (p_n) est une suite géométrique, de premier terme $p_0 = 5\,000$ et de raison 0,85.

Exercice 3 (p. 27)

1. Ces 3 nombres forment une suite géométrique de raison $b = 1{,}1$, car

$$\frac{2\,200}{2\,000} = \frac{2\,420}{2\,200} = 1{,}1.$$

2. $2\,420 \times 1{,}1 = 2\,662$ et $2\,662 \times 1{,}1 = 2\,928{,}2$.

Les nombres théoriques d'écrans plats LCD vendus en 2011 et 2012 sont respectivement 2 662 et 2 928.

11 Représenter graphiquement une suite géométrique

Exercice 2 (p. 29)

- On a $u_0 = 1$ et on calcule u_1, u_2, u_3 et u_4 en utilisant la relation $u_{n+1} = 1{,}5 \times u_n$.

$u_1 = 1{,}5 \times u_0 = 1{,}5 \times 1 = 1{,}5$; $u_2 = 1{,}5 \times u_1 = 1{,}5 \times 1{,}5 = 2{,}25$;

$u_3 = 1{,}5 \times u_2 = 1{,}5 \times 2{,}25 = 3{,}375$; $u_4 = 1{,}5 \times u_3 = 1{,}5 \times 3{,}375 = 5{,}0625$.

- On place les 5 points de coordonnées (0 ; 1), (1 ; 1,5), (2 ; 2,25) (3 ; 3,375) et (4 ; 5,062 5) sur la figure.
- On trace la courbe passant par ces 5 points.

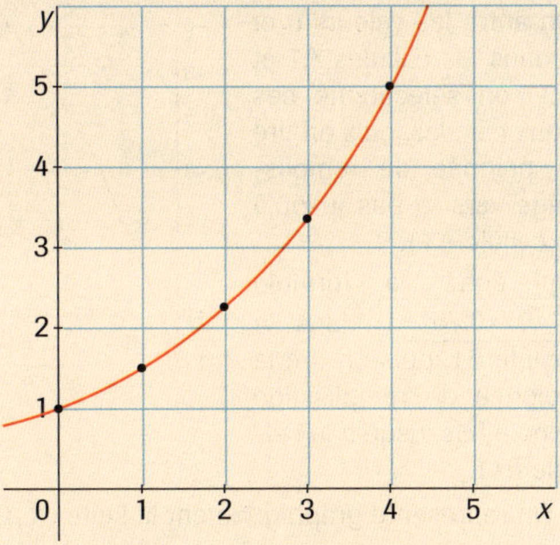

Exercice 3 (p. 29)

- On a $v_1 = 0,5$ et on calcule v_2, v_3, v_4 et v_5 en utilisant la relation $v_{n+1} = 2 \times v_n$.

$v_2 = 2 \times v_1 = 2 \times 0,5 = 1$; $v_3 = 2 \times v_2 = 2$; $v_4 = 2 \times v_3 = 4$; $v_5 = 2 \times v_4 = 8$.

- On place les 5 points de coordonnées (1 ; 0,5), (2 ; 1) (3 ; 2) et (4 ; 4) et (5 ; 8) sur la figure.
- On trace la courbe passant par ces 5 points.

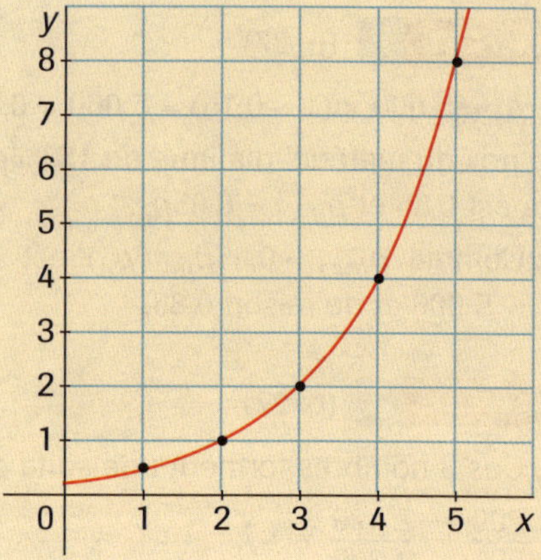

Exercice 4 (p. 29)

Le terme de rang n de la suite (u_n) est $u_n = -12 \times 0,75^n$.

- On détermine les termes de rangs 0 à 10 de la suite (u_n).

On entre les valeurs 0 et 1 dans les cellules A1 et A2 ; on sélectionne ces deux cellules, puis on tire la poignée de remplissage vers le bas jusqu'à la cellule A11.

On entre la formule =–12×0,75^A1 dans la cellule B1, puis on tire la poignée de remplissage vers le bas jusqu'à la cellule B11.

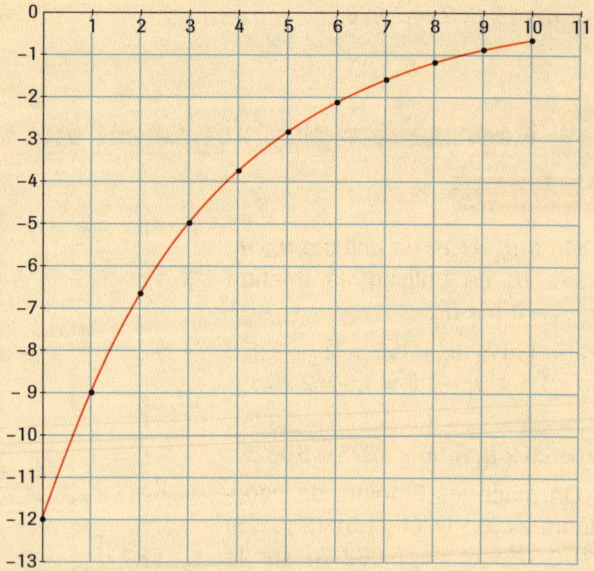

- On représente graphiquement la suite (u_n).

On sélectionne les colonnes A et B ;

on ouvre l'assistant graphique ; on choisit « Type de graphique », puis « Nuage de points » et le sous type « Nuage de points avec marques » ;
on clique sur « Terminer ».

12 Déterminer le sens de variation d'une suite géométrique

Exercice 2 (p. 31)

– Comme 1,9 > 1, la suite (v_n) est strictement croissante.

– Le terme de rang n est $v_n = v_1 \times b^{n-1}$, car v_1 est le premier terme de la suite. Ainsi, $v_n = 100 \times 1{,}9^{n-1}$.

– On entre l'expression $100 \times 1{,}9^{x-1}$ dans l'éditeur de fonctions de la calculatrice, puis 1 comme valeur minimale de x et 1 comme pas de calculs.

– On lit : $v_{17} \approx 2\,884\,414$ et $v_{18} \approx 5\,480\,387$.

Le premier terme de la suite supérieur à 5 000 000 est donc v_{18}.

Exercice 3 (p. 31)

1. – Puisque la courbe Δ « descend », la suite (u_n) est strictement décroissante.

– L'ordonnée du point d'abscisse 0 de Δ est le premier terme, donc $u_0 = 3$.

– On lit $u_1 = 1{,}5$. Ainsi, puisque la suite (u_n) est géométrique, sa raison est

$$b = \frac{u_1}{u_0} = \frac{1{,}5}{3} = 0{,}5.$$

2. – Puisque la courbe Δ′ « monte », la suite (v_n) est strictement croissante.

– L'ordonnée du point d'abscisse 0 de Δ′ est le premier terme, donc $v_0 = 0{,}5$.

– On lit $v_1 = 1$. Ainsi, puisque la suite (v_n) est géométrique, sa raison est

$$b = \frac{v_1}{v_0} = \frac{1}{0{,}5} = 2.$$

13 Calculer la somme de termes consécutifs d'une suite géométrique

Exercice 2 (p. 33)

1. L'énoncé précise que le loyer augmente de 3 % par an, donc le coefficient multiplicatif associé est 1 + 3 % = 1 + 0,03 = 1,03.

Ainsi, $l_{n+1} = 1{,}03\,l_n$. La suite (l_n) est donc une suite géométrique, de premier terme $l_1 = 27\,600$ et de raison $b = 1{,}03$.

2. Puisque l_1 est le premier terme de la suite, $l_n = l_1 \times b^{n-1}$, soit $l_n = 27\,600 \times 1{,}03^{n-1}$.

3. Le montant du loyer payé la 5e année correspond au terme l_5 et

$l_5 = 27\,600 \times 1{,}03^4 \approx 31\,064$ €.

Le montant du loyer payé la 5e année est 31 064 €.

4. Le montant total des loyers payés pendant les 5 premières années correspond à la somme des 5 premiers termes de la suite, soit $l_1 + l_2 + \dots + l_5$.

Ainsi, $I_1 + I_2 + ... + I_5 = 27\,600 \times \dfrac{1{,}03^5 - 1}{1{,}03 - 1} \approx 146\,532$.

Le montant total des loyers payés pendant les 5 premières années est, arrondi à l'unité près, 146 532 €.

Statistiques à deux variables

14 Représenter le nuage de points d'une série statistique

Exercice 2 (p. 35)

Nuage de points de la série statistique.

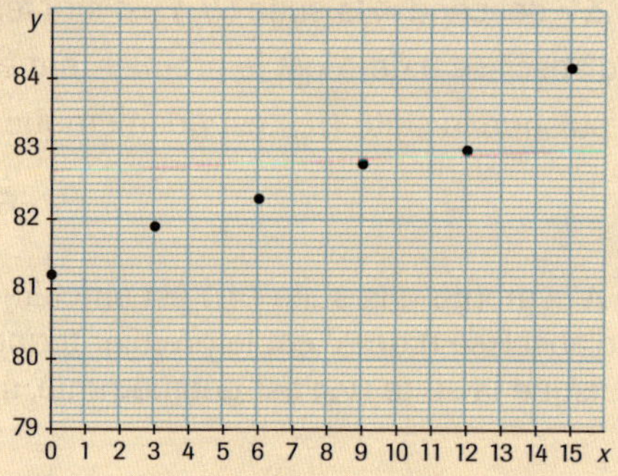

15 Calculer le point moyen d'une série statistique

Exercice 2 (p. 37)

1. On trace le nuage de points associé à la série statistique $(x_i ; y_i)$.

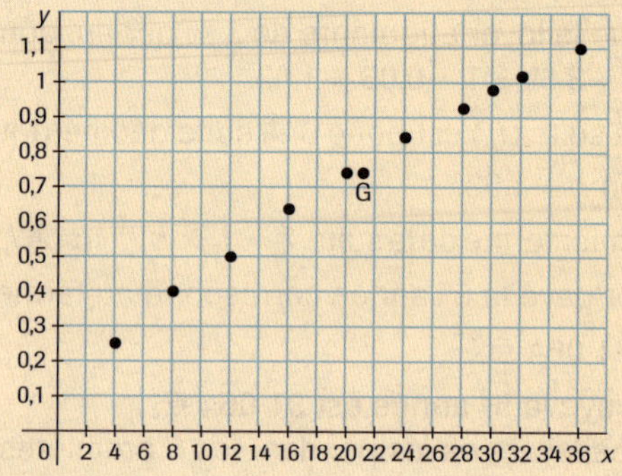

2. • On calcule les coordonnées de G :

$$\overline{x} = \frac{4+8+12+16+20+24+28+30+32+36}{10} = \frac{210}{10} = 21 \text{ et}$$

$$\overline{y} = \frac{0,25+0,4+0,5+0,64+0,74+0,84+0,93+0,98+1,02+1,1}{10} = \frac{7,4}{10} = 0,74.$$

Le point moyen G a pour coordonnées (21 ; 0,74).

• On place le point G sur la figure.

16 Réaliser un ajustement affine du nuage de points

Exercice 2 (p. 39)

1. a) On trace le nuage de points associé à la série statistique (x_i ; y_i).

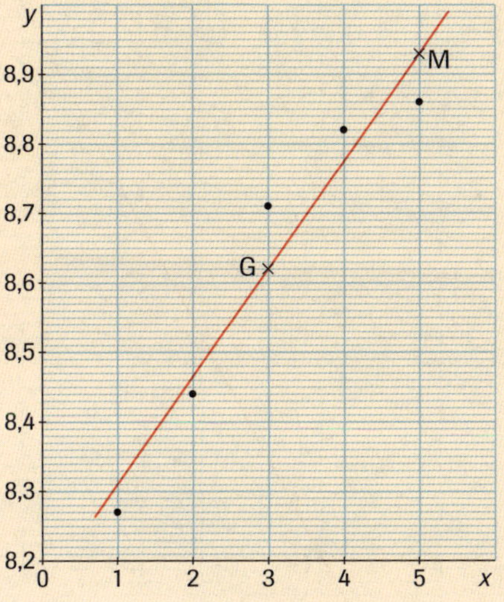

b) Un ajustement affine apparaît envisageable, car les points du nuage sont sensiblement alignés.

2. a) On calcule les coordonnées de G.

$$\overline{x} = \frac{1+2+3+4+5}{5} = \frac{15}{5} = 3 \text{ et } \overline{y} = \frac{8,27+8,44+8,71+8,82+8,86}{5} = \frac{43,1}{5} = 8,62.$$

Le point moyen G a pour coordonnées (3 ; 8,62).

b) Voir le graphique.

c) Le coefficient directeur de (MG) est $a = \dfrac{8,93-8,62}{5-3} = 0,155$.

L'équation réduite de (MG) est donc de la forme $y = 0,155x + b$.

Le point G appartient à la droite, donc ses coordonnées vérifient l'équation réduite de la droite : $8{,}62 = 0{,}155 \times 3 + b$, soit $b = 8{,}155$.
(MG) a pour équation réduite $y = 0{,}155x + 8{,}155$.

17 Utiliser une droite d'ajustement pour effectuer des estimations

Exercice 2 (p. 41)

1. On trace le nuage de points associé à la série statistique $(x_i\,;\,y_i)$.

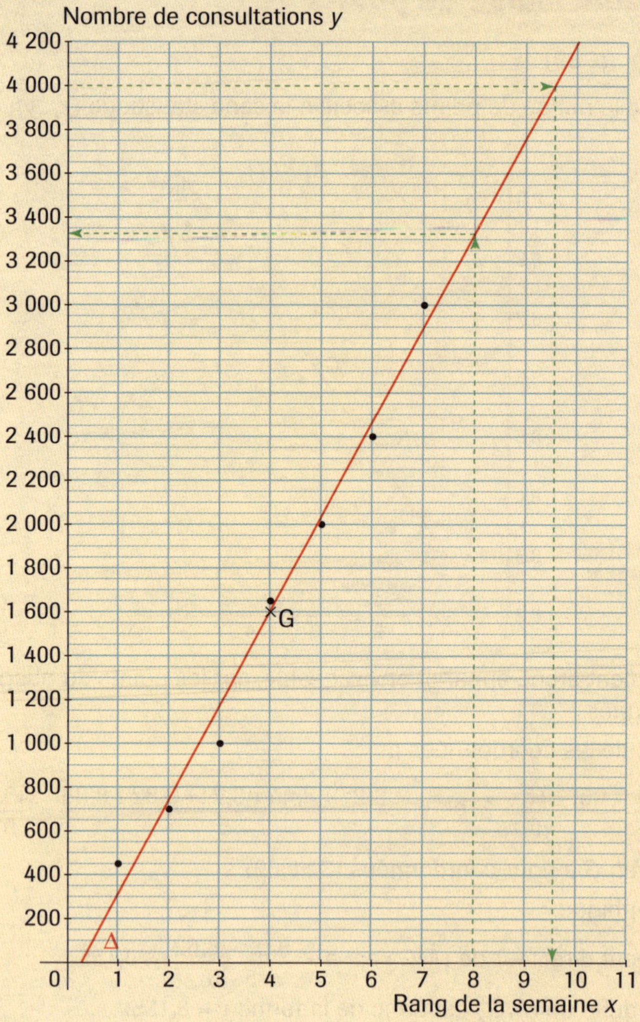

2. On calcule les coordonnées de G.

$$\overline{x} = \frac{1+2+3+4+5+6+7}{7} = \frac{28}{7} = 4 \text{ et}$$

$$\overline{y} = \frac{450+700+1\,000+1\,650+2\,000+2\,400+3\,000}{7} = \frac{11\,200}{7} = 1\,600.$$

Le point moyen G a pour coordonnées (4 ; 1 600).

3. On trace Δ sur le graphique à l'aide du point moyen G et du coefficient directeur de Δ (voir la figure).

4. a) Pour $x = 8$, on lit $y \approx 3\,300$; il y aura environ 3 300 consultations la 8e semaine.

b) Pour $y = 4\,000$, on lit $x \approx 9{,}6$; le nombre de consultations dépassera 4 000 habitants à partir de la 10e semaine.

Probabilités

18 Utiliser les formules usuelles de probabilité

Exercice 2 (p. 43)

• On regroupe les informations dans un tableau.

Âge \ Sexe	Garçon	Fille	Total
0 à 12 mois	3	3	6
1 à 3 ans	81	77	158
3 à 5 ans	96	48	144
Total	180	128	308

180 enfants sont des garçons, il y a donc 308 – 180 = 128 filles.

37,5 % des filles sont âgées de 3 à 5 ans, soit 0,375 × 128 = 48 filles de 3 à 5 ans.

Parmi les enfants de 3 à 5 ans, un tiers sont des filles, donc il y a 48 × 3 = 144 enfants de 3 à 5 ans. Ainsi, 144 – 48 = 96 garçons ont de 3 à 5 ans.

25 % des enfants de l'échantillon sont des filles de 1 à 3 ans, soit

0,25 × 308 = 77 filles de 1 à 3 ans.

Il y a 128 – (48 + 77) = 3 filles de 0 à 12 mois.

Parmi les enfants de 0 à 12 mois, il y a autant de filles que de garçons, soit 3 garçons.

Ainsi, 3 + 3 = 6 enfants ont de 0 à 12 mois.

Il y a 180 – (96 + 3) = 81 garçons de 1 à 3 ans.

Il y a 81 + 77 = 158 enfants de 1 à 3 ans.

• On utilise le tableau pour calculer les probabilités.

Parmi les 308 enfants, il y a 128 filles, donc $p(A) = \frac{128}{308} \approx 0{,}42$.

Parmi les 308 enfants, il y a 144 enfants entre 3 et 5 ans, donc $p(B) = \frac{144}{308} \approx 0{,}47$.

Parmi les 308 enfants, il y a 48 filles de 3 à 5 ans, donc $p(A \cap B) = \frac{48}{308} \approx 0{,}16$.

$\bar{A}$ est l'événement : « l'enfant choisi est un garçon » ; parmi les 308 enfants, il y a 96 garçons de 3 à 5 ans, donc $p(\bar{A} \cap B) = \frac{96}{308} \approx 0{,}31$.

$$p(A \cup B) = p(A) + p(B) - p(A \cap B) = \frac{128}{308} + \frac{144}{308} - \frac{48}{308} = \frac{224}{308} \approx 0{,}73.$$

19 Calculer une probabilité conditionnelle

Exercice 2 (p. 45)

On regroupe les informations dans un tableau :

	Ouvriers	Agents de maîtrise	Cadres	Total
Femmes	78	18	24	120
Hommes	36	36	8	80
Total	114	54	32	200

• On compte 40 % d'hommes dans l'entreprise, soit 0,4 × 200 = 80 hommes et donc 200 – 80 = 120 femmes.

• Parmi les hommes, 10 % sont des cadres, soit 0,1 × 80 = 8 cadres hommes et donc 32 – 8 = 24 cadres femmes.

• 15 % des femmes sont agents de maîtrise, soit 0,15 × 120 = 18 femmes agents de maîtrise et donc 54 – 18 = 36 hommes agents de maîtrise.

• Il y a 120 – (18 + 24) = 78 ouvriers femmes et 80 – (36 + 8) = 36 hommes ouvriers.

1. Parmi les 200 employés, il y a 54 agents de maîtrise, donc $p(A) = \frac{54}{200} = 0{,}27$.

Parmi les 200 employés, il y a 120 femmes, donc $p(B) = \frac{120}{200} = 0{,}6$.

Parmi les 200 employés, il y a 18 femmes agents de maîtrise, donc $p(A \cap B) = \frac{18}{200} = 0{,}09$.

Parmi les 200 employés, il y a 36 hommes agents de maîtrise,

donc $p(A \cap \overline{B}) = \dfrac{36}{200} = 0{,}18$.

2. On cherche la probabilité que la personne interrogée soit une femme sachant que cette personne est agent de maîtrise, c'est-à-dire $p_A(B)$.

$$p_A(B) = \frac{p(B \cap A)}{p(A)} = \frac{\frac{18}{200}}{\frac{54}{200}} = \frac{18}{54} = \frac{1}{3} \approx 0{,}33.$$

On cherche la probabilité que la personne interrogée soit un homme sachant que cette personne est agent de maîtrise, c'est-à-dire $p_A(\overline{B})$.

$$p_A(\overline{B}) = \frac{p(\overline{B} \cap A)}{p(A)} = \frac{\frac{36}{200}}{\frac{54}{200}} = \frac{36}{54} = \frac{2}{3} \approx 0{,}67.$$

20 Calculer la probabilité de l'intersection de deux événements avec une probabilité conditionnelle

Exercice 2 (p. 47)

1. $M_1 \cap M_2$: « l'individu est atteint par la maladie M_1 et par la maladie M_2 ».
$p(M_1 \cap M_2) = p(M_1) \times p_{M_1}(M_2) = 0{,}02 \times 0{,}7 = 0{,}014$.

2. $M_1 \cup M_2$: « l'individu est atteint par la maladie M_1 ou par la maladie M_2 ».
$p(M_1 \cup M_2) = p(M_1) + p(M_2) - p(M_1 \cap M_2) = 0{,}02 + 0{,}03 - 0{,}014 = 0{,}036$.

3. $p_{M_2}(M_1) = \dfrac{p(M_1 \cap M_2)}{p(M_2)} = \dfrac{0{,}014}{0{,}03} \approx 0{,}47$.

Exercice 3 (p. 47)

• L'énoncé permet d'obtenir :
12 % de la population est atteinte par ce virus, donc $p(C) = 0{,}12$ et on en déduit $p(\overline{C}) = 1 - p(C) = 0{,}88$.

Quand la personne est contaminée par le virus X, le test est positif dans 99,6 % des cas, donc $p_C(P) = 0{,}996$ et on en déduit que

$p_C(\overline{P}) = 1 - p_C(P) = 1 - 0{,}996 = 0{,}004$.

Quand la personne n'est pas contaminée par le virus, le test est négatif dans 97,6 % des cas, donc $p_{\overline{C}}(\overline{P}) = 0{,}976$ et on en déduit que

$p_{\overline{C}}(P) = 1 - p_{\overline{C}}(\overline{P}) = 1 - 0{,}976 = 0{,}024$.

• On a alors :

$p(C \cap \bar{P}) = p(C) \times p_C(\bar{P}) = 0{,}12 \times 0{,}004 = 0{,}000\ 48$;

$p(\bar{C} \cap P) = p(\bar{C}) \times p_{\bar{C}}(P) = 0{,}88 \times 0{,}024 = 0{,}021\ 12$.

La probabilité que la personne soit contaminée et ait un test négatif est 0,000 48 et la probabilité que la personne ne soit pas contaminée et ait un test positif est 0,021 12.

21 Utiliser un arbre de probabilités

Exercice 2 (p. 49)

1. Arbre de probabilités.

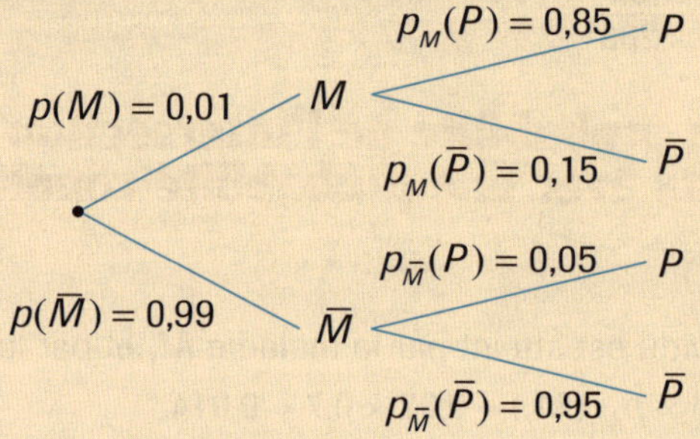

2. $p(M \cap P) = 0{,}01 \times 0{,}85 = 0{,}008\ 5$; $p(\bar{M} \cap P) = 0{,}99 \times 0{,}05 = 0{,}049\ 5$.
Ainsi, $p(P) = p(M \cap P) + p(\bar{M} \cap P) = 0{,}008\ 5 + 0{,}049\ 5 = 0{,}058$.

3. Un animal étant choisi parmi ceux dont le test est positif, la probabilité qu'il soit malade est $p_P(M)$.

$$p_P(M) = \frac{p(M \cap P)}{p(P)} = \frac{0{,}008\ 5}{0{,}058} \approx 0{,}15.$$

22 Calculer la probabilité de l'intersection de deux événements indépendants

Exercice 2 (p. 51)

• Soit M l'événement : « la seringue a le défaut M » et E l'événement : « la seringue a le défaut E ». L'énoncé donne $p(M) = 0{,}02$ et $p(E) = 0{,}03$.
• On cherche $p(M \cap E)$.

Les événements M et E sont indépendants, donc

$p(M \cap E) = p(M) \times p(E) = 0{,}02 \times 0{,}03 = 0{,}000\ 6$.

Exercice 3 (p. 51)

• $p(A \cap B) = p(A) \times p(B)$, car les événements A et B sont indépendants.

Ainsi, $p(A \cap B) = 0{,}7 \times 0{,}6 = 0{,}42$.

• $p(A \cup B) = p(A) + p(B) - p(A \cap B) = 0{,}7 + 0{,}6 - 0{,}42 = 0{,}88$.

Étude de fonctions

23 Calculer des dérivées

Exercice 2 (p. 53)

1. f est de la forme $u - kv$, où $u(x) = 1$, $k = 10$ et $v(x) = \dfrac{1}{x}$.

On a $u'(x) = 0$ et $v'(x) = -\dfrac{1}{x^2}$. Or, $(u - v)' = u' - v'$ et $(ku)' = ku'$, donc

$f'(x) = 0 - 10 \times \left(-\dfrac{1}{x^2}\right) = \dfrac{10}{x^2}$.

2. f est de la forme $k_1u + k_2v - k_3w + z$, où $u(x) = x^3$, $k_1 = 4$, $v(x) = x^2$, $k_2 = 2$, $w(x) = x$, $k_3 = 8$ et $z(x) = 1$.

On a $u'(x) = 3x^2$, $v'(x) = 2x$, $w'(x) = 1$ et $z'(x) = 0$.

Or, $(u + v - w + z)' = u' + v' - w' + z'$ et $(ku)' = ku'$,

donc $f'(x) = 4 \times 3x^2 + 2 \times 2x - 8 \times 1 + 0 = 12x^2 + 4x - 8$.

3. f est de la forme $k_1u - k_2v + w$, où $u(x) = x^3$, $k_1 = -1$, $v(x) = x$, $k_2 = 2$, $w(x) = 3$.

On a $u'(x) = 3x^2$, $v'(x) = 1$, $w'(x) = 0$. Or, $(u - v + w)' = u' - v' + w'$ et $(ku)' = ku'$, donc $f'(x) = -1 \times 3x^2 - 2 \times 1 + 0 = -3x^2 - 2$.

4. f est de la forme $u - v + kw$, où $u(x) = 6$, $v(x) = x^2$, $w(x) = x$ et $k = 10$.

On a $u'(x) = 0$, $v'(x) = 2x$, $w'(x) = 1$. Or, $(u - v + w)' = u' - v' + w'$ et $(ku)' = ku'$, donc $f'(x) = 0 - 2x + 10 \times 1 = -2x + 10$.

5. f est de la forme $k_1u - k_2v + w$, où $u(x) = \dfrac{1}{x}$, $k_1 = 2$, $v(x) = x$, $k_2 = 4$ et $w(x) = 8$.

On a $u'(x) = -\dfrac{1}{x^2}$, $v'(x) = 1$, $w'(x) = 0$. Or, $(u - v + w)' = u' - v' + w'$ et $(ku)' = ku'$, donc $f'(x) = 2 \times \left(-\dfrac{1}{x^2}\right) - 4 \times 1 + 0 = -\dfrac{2}{x^2} - 4$.

6. f est de la forme $k_1u + k_2v - w$, où $u(x) = \sqrt{x}$, $k_1 = 4$, $v(x) = x^3$, $k_2 = 3$, $w(x) = 6$.

On a $u'(x) = \frac{1}{2\sqrt{x}}$, $v'(x) = 3x^2$, $w'(x) = 0$. Or, $(u + v - w)' = u' + v' - w'$ et $(ku)' = ku'$, donc $f'(x) = 4 \times \frac{1}{2\sqrt{x}} + 3 \times 3x^2 - 0 = \frac{2}{\sqrt{x}} + 9x^2$.

Exercice 3 (p. 53)

f est de la forme $k_1u - k_2v + w$, où $u(x) = \frac{1}{x}$, $k_1 = -5$, $v(x) = x^2$, $k_2 = 4$, $w(x) = 8$.

On a $u'(x) = -\frac{1}{x^2}$, $v'(x) = 2x$, $w'(x) = 0$; Or, $(u - v + w)' = u' - v' + w'$ et $(ku)' = ku'$, donc $f'(x) = -5 \times \left(-\frac{1}{x^2}\right) - 4 \times 2x + 0 = \frac{5}{x^2} - 8x$.

Ainsi, $f'(-1) = \frac{5}{(-1)^2} - 8 \times (-1) = \frac{5}{1} + 8 = 13$.

24 Déterminer l'équation réduite d'une tangente à une courbe

Exercice 2 (p. 55)

• Le coefficient directeur de la tangente à $\mathscr{C}$ au point d'abscisse 1 est $f'(1)$.

• On calcule d'abord $f'(x)$: $f'(x) = -3x^2 + 2x$.
Ainsi, $f'(1) = -3 \times 1^2 + 2 \times 1 = -3 + 2 = -1$.

• Le coefficient directeur de la tangente à $\mathscr{C}$ au point d'abscisse 1 est donc égal à -1.

Exercice 3 (p. 55)

• On calcule $f'(x)$: $f'(x) = 0{,}5 \times 3x^2 - 0 = 1{,}5x^2$.

• On calcule $f'(-1)$ et $f'(1)$: $f'(-1) = 1{,}5 \times (-1)^2 = 1{,}5$ et $f'(1) = 1{,}5 \times 1^2 = 1{,}5$.

• $f'(-1)$ est le coefficient directeur de la tangente à $\mathscr{C}$ au point d'abscisse -1 et $f'(1)$ est le coefficient directeur de la tangente à $\mathscr{C}$ au point d'abscisse 1. Ces deux coefficients directeurs sont égaux, donc les tangentes à $\mathscr{C}$ aux points d'abscisses -1 et 1 sont parallèles.

Exercice 4 (p. 55)

• On calcule $f'(x)$ et $g'(x)$: $f'(x) = -\frac{1}{2} \times 3x^2 + 2 \times 2x = -\frac{3}{2}x^2 + 4x$ et $g'(x) = \frac{-2}{x^2}$.

• On calcule $f'(1)$ et $g'(1)$:

$f'(1) = -\frac{3}{2} \times 1^2 + 4 \times 1 = -\frac{3}{2} + 4 = \frac{5}{2}$ et $g'(1) = \frac{-2}{1^2} = -2$.

• La fonction dont la tangente à la courbe au point d'abscisse 1 a pour coefficient directeur -2 est donc la fonction g (réponse **b)**).

25 Étudier le sens de variation d'une fonction

Exercice 2 (p. 57)

1. $f'(x) = \frac{2}{3} \times 3x^2 + 2x - 4 \times 1 + 0 = 2x^2 + 2x - 4$.

On a : $2(x-1)(x+2) = 2(x^2 + 2x - x - 2) = 2(x^2 + x - 2) = 2x^2 + 2x - 4 = f'(x)$.
Ainsi, $f'(x) = 2(x-1)(x+2)$.

2. L'équation $f'(x) = 0$ est successivement équivalente à $2(x-1)(x+2) = 0$; $x - 1 = 0$ ou $x + 2 = 0$; $x = 1$ ou $x = -2$. La dérivée s'annule donc en 1 et en -2.

On étudie le signe de $f'(x)$ à l'aide d'un tableau de signe.

x	-4		-2		1		3
x − 1		$-$		$-$	0	$+$	
x + 2		$-$	0	$+$		$+$	
2(x − 1)(x + 2)		$+$	0	$-$	0	$+$	

Sur les intervalles $[-4 ; -2[$ et $]1 ; 3]$, $f'(x) > 0$, donc f est strictement croissante sur $[-4 ; -2[$ et $]1 ; 3]$; sur l'intervalle $]-2 ; 1[$, $f'(x) < 0$, donc f est strictement décroissante sur $]-2 ; 1[$.

Exercice 3 (p. 57)

$f'(x) = -2 \times 2x + 2 \times \left(-\frac{1}{x^2}\right) = -4x - \frac{2}{x^2} = -(4x + \frac{2}{x^2})$.

Sur $[0{,}5 ; 5]$, $x > 0$, donc $4x > 0$. De plus, $\frac{2}{x^2} > 0$. On en déduit que, pour tout x de $[0{,}5 ; 5]$, $4x + \frac{2}{x^2} > 0$ et $-(4x + \frac{2}{x^2}) < 0$, soit $f'(x) < 0$.
La fonction f est donc strictement décroissante sur $[0{,}5 ; 5]$.

Exercice 4 (p. 57)

$f'(x) = 2 \times 1 - 4 \times \left(-\frac{1}{x^2}\right) = 2 + \frac{4}{x^2}$.

Sur $[-5 ; -0{,}5]$, $\frac{4}{x^2} > 0$, donc $2 + \frac{4}{x^2} > 0$. On en déduit que, pour tout x de $[-5 ; -0{,}5]$, $f'(x) > 0$.

La fonction f est donc strictement croissante sur $[-5 ; -0{,}5]$.

26 Dresser le tableau de variation d'une fonction

Exercice 2 (p. 59)

1. f est définie sur $[-3 ; 3]$.

Faux, f est définie sur $[-5 ; 8]$.

2. f est strictement décroissante sur $[0 ; 4]$.

Vrai.

3. $f'(1) \geq 0$.

Faux, 1 appartient à l'intervalle $[0 ; 4]$ et f est strictement décroissante sur $[0 ; 4]$, donc $f'(1) \leq 0$.

4. $f'(x) \leq 0$ pour tout nombre réel x de l'intervalle $[5 ; 8]$.

Vrai, car f est strictement décroissante sur $[5 ; 8]$.

5. $f(6) > 0$.

Faux, car sur l'intervalle $[-5 ; 8]$ le maximum est -1.

6. $f(0) = 1$.

Faux, $f(0) = 6$.

7. f est strictement croissante sur $[-2 ; 4]$.
Faux, f est strictement croissante sur $[-2 ; 0]$ et strictement décroissante sur $[0 ; 4]$.

27 Rechercher les éventuels extremums locaux d'une fonction

Exercice 2 (p. 61)

1. Le minimum de f sur $[-8 ; 8]$ est -6. Faux, le minimum de f sur $[-8 ; 8]$ est -10.

2. f admet un maximum local en $x = 3$. Vrai, car f est strictement croissante « avant » 3 et strictement décroissante « après » 3.

3. $f'(2) > 0$. Vrai, car 2 appartient à l'intervalle $[1 ; 3]$ et f est strictement croissante sur cet intervalle.

4. $f(1) = -6$ est un minimum local. Vrai, car f est strictement décroissante « avant » 1, strictement croissante « après » 1 et $f(1) = -6$.

5. Le maximum de f sur [– 8 ; 8] est 6. Vrai.

6. $f(6) = 3$ est un maximum local. Faux, $f(3) = 6$ est un maximum local.

7. $f'(x) \geq 0$ pour tout nombre réel x de l'intervalle [1 ; 3].
Vrai, car f est strictement croissante sur cet intervalle.

28 Lire des informations sur une courbe

Exercice 2 (p. 63)

1. $f(10) = 3\,500$; au bout de 10 jours, il y a 3 500 malades.

2. L'abscisse du point le plus haut de la courbe est 30 ; le nombre de malades est maximal au bout de 30 jours.

3. La courbe est au-dessus de la droite d'équation $y = 10\,000$ pour les valeurs de x de l'intervalle [20 ; 38] ; le nombre de malades est supérieur à 10 000 entre le 20e et le 38e jour, soit pendant 38 – 20 = 18 jours.

4. Le 10e jour, le nombre de malades est 3 500 et le 20e jour, le nombre de malades est 10 000. Le taux d'évolution du nombre de malades est donc égal à $\frac{10\,000 - 3\,500}{3\,500} \approx 1{,}86$, soit environ 186 %.

29 Résoudre graphiquement une équation ou une inéquation

Exercice 2 (p. 65)

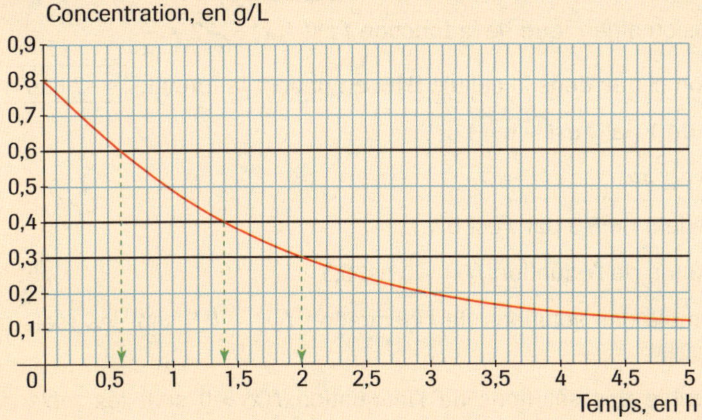

1. On trace la droite d'équation $y = 0,3$; cette droite coupe la courbe au point d'abscisse 2.

La solution de l'équation $f(t) = 0,3$ est 2. La valeur de la concentration du produit dans le sang est égale à 0,3 g/L au bout de 2 heures.

2. On résout l'équation $f(t) = 0,4$. On trace la droite d'équation $y = 0,4$; cette droite coupe la courbe au point d'abscisse 1,4. La solution de l'équation $f(t) = 0,4$ est 1,4.

La valeur de la concentration du produit dans le sang est égale à 0,4 g/L au bout de 1,4 heure, soit 1 heure et 24 minutes (car 0,1 h = 6 min, donc 0,4 h = 24 min).

3. La courbe est située au-dessous de la droite d'équation $y = 0,6$ pour $x > 0,6$. L'ensemble des solutions de l'inéquation $f(t) < 0,6$ est l'intervalle $]0,6 ; 5]$.

La valeur de la concentration du produit dans le sang devient inférieure à 0,6 g/L au bout de 0,6 heure, soit 36 minutes.

La courbe est située au-dessous de la droite d'équation $y = 0,3$ pour $x > 2$. L'ensemble des solutions de l'inéquation $f(t) < 0,3$ est l'intervalle $]2 ; 5]$.

La valeur de la concentration du produit dans le sang devient inférieure à 0,3 g/L au bout de 2 heures.

30 Utiliser un tableur – grapheur

Exercice 2 (p. 67)

1. f est définie sur l'intervalle $I = [0,1 ; 2]$.

2. Le curseur est positionné dans la cellule B3.

3. On entre les valeurs 0,1 et 0,2 dans les cellules A2 et A3 ; on sélectionne ces deux cellules que l'on recopie vers le bas jusqu'à la valeur 2.

4. On a saisi dans la cellule B2 la formule `=-2+1/A2`.

5. L'expression algébrique de la fonction f est $f(x) = -2 + \frac{1}{x}$.

6. Lorsqu'on clique dans la cellule B15, on obtient la formule `=-2+1/A15`.

7. L'image de 1 par f est -1.

8. $f(1,8) = -1,44$.

9. L'antécédent de 0,5 par f est 0,4.

10. La solution de l'équation $f(x) = 0$ est 0,5.

11. L'ensemble des solutions de l'inéquation $f(x) < 0,5$ sont les réels de l'intervalle $]0,4 ; 2]$.

12. L'ensemble des solutions de l'inéquation $f(x) > 0$ sont les réels de l'intervalle $[0,1 ; 0,5[$.

Fonctions exponentielles ; fonction logarithme décimal

31 Étudier le sens de variation d'une fonction exponentielle $x \mapsto a^x$

Exercice 2 (p. 69)

1. $a = 1,1 > 0$, donc la fonction g est strictement croissante sur [0 ; 6].

2. a) Les fonctions g et f ont le même sens de variation, donc la fonction f est strictement croissante sur [0 ; 6].

t	0	6
$f(t)$	13 ↗	$3 \times 1,1^6 + 10$

b) Tableau de valeurs (résultats arrondis à 0,1 près).

t	0	1	2	3	4	5	6
$f(t)$	13,0	13,3	13,6	14,0	14,4	14,8	15,3

Exercice 3 (p. 69)

1. $a = 0,8$ et $0 < 0,8 < 1$, donc la fonction g est strictement décroissante sur [0 ; 8].

2. a) Les fonctions g et f ont le même sens de variation, donc la fonction f est strictement décroissante sur [0 ; 8].

b) Courbe représentative de la fonction f.

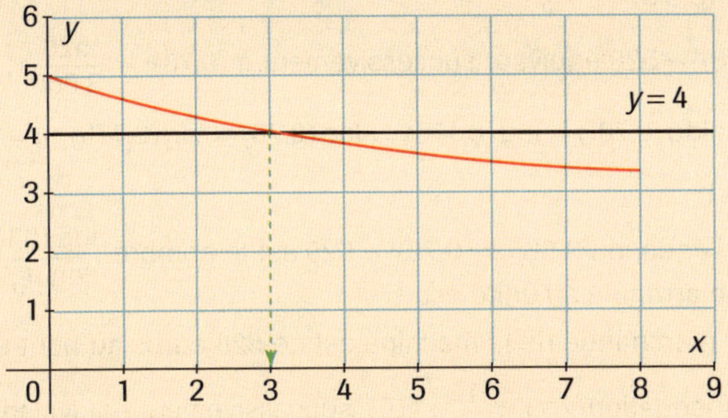

c) On trace la droite d'équation $y = 4$, on lit l'abscisse du point d'intersection de la courbe avec cette droite, soit $t \approx 3$.

Les solutions de l'inéquation $f(t) < 4$ sont les abscisses de points de la courbe situés au-dessous de la droite, soit l'intervalle $]3 ; 8]$.

32 Étudier la fonction logarithme décimal $x \mapsto \log(x)$

Exercice 2 (p. 71)

1. c) $\log(10^{-3}) = -3$.

2. b) $4\log(10^2) = 4 \times 2 = 8$.

3. b) $4\log(3^x) = 4 \times x\log(3) = 4x\log(3)$.

4. a) $\log(5^x) = x \times \log(5) = x\log(5)$.

Exercice 3 (p. 71)

1. Vrai.

2. Vrai.

3. Vrai, car $\log(2) > 0$, donc l'inégalité ne change pas de sens.

4. Vrai, car $\log(0{,}3) < 0$, donc l'inégalité change de sens.

5. Faux, car $x\log(0{,}9) \leq \log(3)$ équivaut à $x \geq \dfrac{\log(3)}{\log(0{,}9)}$ ($\log(0{,}9) < 0$, donc l'inégalité change de sens).

6. Faux, car $x\log(5) < \log(3)$ équivaut à $x < \dfrac{\log(3)}{\log(5)}$ ($\log(5) > 0$, donc l'inégalité ne change pas de sens).

33 Résoudre une équation $a^x = b$ ou une inéquation $a^x < b$ ou $a^x > b$

Exercice 2 (p. 73)

1. $3\,000 \times (0{,}78)^t = 528$ équivaut successivement à $(0{,}78)^t = \dfrac{528}{3\,000}$;

$(0{,}78)^t = 0{,}176$; $\log(0{,}78^t) = \log(0{,}176)$; $t\log(0{,}78) = \log(0{,}176)$; $t = \dfrac{\log(0{,}176)}{\log(0{,}78)}$, car $\log(0{,}78) \neq 0$.

La solution de l'équation $3\,000 \times (0{,}78)^t = 528$ est le nombre $\dfrac{\log(0{,}176)}{\log(0{,}78)}$ dont une valeur décimale arrondie à l'unité est 7.

Ainsi, la valeur marchande de la machine est de 528 euros au bout de 7 années.

2. On résout l'inéquation $v(t) < \dfrac{1}{3} \times v(0)$, successivement équivalente à :

$3\,000 \times (0{,}78)^t < \dfrac{1}{3} \times 3\,000 \times (0{,}78)^0$;

$3\,000 \times (0{,}78)^t < 1\,000$;

$(0{,}78)^t < \dfrac{1}{3}$;

$\log(0{,}78^t) < \log\left(\dfrac{1}{3}\right)$;

$t \log(0{,}78) < \log\left(\dfrac{1}{3}\right)$;

$t > \dfrac{\log\left(\dfrac{1}{3}\right)}{\log(0{,}78)}$, car $\log(0{,}78) < 0$.

Or, $\dfrac{\log\left(\dfrac{1}{3}\right)}{\log(0{,}78)} \approx 4{,}4$, donc la valeur marchande de la machine sera inférieure au tiers de sa valeur initiale au bout de 5 ans.

Exercice 3 (p. 73)

1. L'équation $p(t) = 52\,167$ est successivement équivalente à

$45\,000 \times (1{,}03)^t = 52\,167$; $(1{,}03)^t = \dfrac{52\,167}{45\,000}$; $\log(1{,}03^t) = \log\left(\dfrac{52\,167}{45\,000}\right)$;

$t \log(1{,}03) = \log\left(\dfrac{52\,167}{45\,000}\right)$; $t = \dfrac{\log\left(\dfrac{52\,167}{45\,000}\right)}{\log(1{,}03)}$, car $\log(1{,}03) \neq 0$.

La solution de l'équation $45\,000 \times (1{,}03)^t = 52\,167$ est le nombre $\dfrac{\log\left(\dfrac{52\,167}{45\,000}\right)}{\log(1{,}03)}$ dont une valeur décimale arrondie à l'unité est 5.

La population de la ville sera égale à 52 167 habitants au bout de 5 ans.

2. On résout l'inéquation $p(t) > 62\,000$, successivement équivalente à :

$45\,000 \times (1{,}03)^t > 62\,000$; $(1{,}03)^t > \dfrac{62\,000}{45\,000}$; $(1{,}03)^t > \dfrac{62}{45}$; $\log(1{,}03^t) > \log\left(\dfrac{62}{45}\right)$;

$t\log(1{,}03) > \log\left(\dfrac{62}{45}\right)$; $t > \dfrac{\log\left(\dfrac{62}{45}\right)}{\log(1{,}03)}$, car $\log(1{,}03) > 0$.

Or, $\dfrac{\log\left(\dfrac{62}{45}\right)}{\log(1{,}03)} \approx 10{,}8$, donc la population de la ville aura dépassé 62 000 habitants au bout de 11 années.

Sujets du bac

Bac ST2S, Métropole (p. 74)

EXERCICE 1 (p. 75)

Tableau d'effectifs.

Majorité de clients \ Sexe des clients	Hommes (H)	Femmes ($\bar{H}$)	Total
Mineur(e)s (m)	$434 - 31 = 403$	$465 - 403 = 62$	$620 \times 0,75 = 465$
Majeur(e)s ($\bar{m}$)	31	$155 - 31 = 124$	$620 - 465 = 155$
Total	$620 - 186 = 434$	$620 \times 0,3 = 186$	620

1. La probabilité que la fiche soit celle d'un homme majeur est 0,05.
En effet, l'énoncé indique que parmi les 620 clients, il y a 31 hommes majeurs et la probabilité demandée est $\frac{31}{620} = 0,05$.

2. La probabilité que la fiche soit celle d'une femme mineure est 0,10.
En effet, le tableau indique que parmi les 620 clients, il y a 62 femmes mineures et la probabilité demandée est $\frac{62}{620} = 0,1$.

3. La probabilité que la fiche soit celle d'une personne majeure ou d'une personne de sexe masculin est 0,90.
En effet, le tableau indique que parmi les 620 clients, il y a 155 personnes majeures, 434 hommes, 31 hommes majeurs et la probabilité demandée est $\frac{155+434-31}{620} = 0,9$.

4. L'événement : « la fiche est celle d'une femme ou d'une personne mineure » est $m \cup \bar{H}$.

En effet, $\bar{H}$ est l'événement « la fiche est celle d'une personne de sexe féminin », m est l'événement : « la fiche est celle d'une personne mineure » et l'union est représentée par le symbole « $\cup$ ».

5. Sachant que l'on a tiré une fiche d'une personne mineure, la probabilité que ce soit une femme est 0,13.
En effet, le tableau indique que parmi les 465 personnes mineures, il y a 62 femmes et la probabilité demandée est $\frac{62}{465} \approx 0,13$.

EXERCICE 2 (p. 75)

Partie A Droite d'ajustement

L'année 2010 correspond au rang de l'année 10.
On remplace x par 10 dans l'équation de la droite d'ajustement. Ainsi, pour $x = 10$, $y = 7 \times 10 + 115 = 185$.
Le montant des dépenses en 2010 peut-être estimé à 185 milliards d'euros.

Partie B Évolution

1. On note y_1 le montant des dépenses en 2000 et y_2 le montant des dépenses en 2007.
Ainsi, $y_1 = 115{,}1$ et $y_2 = 163{,}8$.

$$\frac{y_2 - y_1}{y_1} = \frac{163{,}8 - 115{,}1}{115{,}1} \approx 0{,}423 \approx 42{,}3\ \%.$$

Le pourcentage d'évolution global entre 2000 et 2007, arrondi à 0,1 % près est 42,3 %.

2. On doit entrer dans la cellule C4 la formule =100*(C3-B3)/B3.

Partie C Limitation des dépenses

1. $u_1 = (1 + 2\ \%) \times u_0 = 1{,}02 \times 163{,}8 = 167{,}076$.

2. L'énoncé précise que les dépenses liées à la consommation de soins et de biens médicaux n'augmentent que de 2 % par an, soit un coefficient multiplicatif associé égal à 1,02 et $u_{n+1} = 1{,}02\ u_n$.
La suite (u_n) est une suite géométrique, de premier terme $u_0 = 163{,}8$ et de raison $b = 1{,}02$.

3. Comme le premier terme de la suite est u_0, on utilise la formule $u_n = u_0 \times b^n$.
Ainsi, $u_n = 163{,}8 \times 1{,}02^n$.

4. L'année 2015 est égale à l'année (2007 + 8) et correspond à $n = 8$.
$u_8 = 163{,}8 \times 1{,}02^8 \approx 191{,}918$.
Le montant des dépenses en 2015 peut être estimé à 191,918 milliards d'euros.

EXERCICE 3 (p. 76)

Partie A

1. $f(2) = 88 + 10 \times \log(2) \approx 91\ \%$ et $f(3{,}5) = 88 + 10 \times \log(3{,}5) \approx 93\ \%$.
Environ 91 % des personnes obtiennent un contrat de travail au bout de 2 ans, et environ 93 % des personnes obtiennent un contrat de travail au bout de 3 ans et 6 mois.

2. L'inéquation $f(x) > 94$ est successivement équivalente à

$88 + 10 \times \log(x) > 94$; $10 \times \log(x) > 94 - 88$; $10 \times \log(x) > 6$; $\log(x) > \dfrac{6}{10}$;

$\log(x) > 0{,}6$; $\log(x) > \log(10^{0{,}6})$; $x > 10^{0{,}6}$; $x > 3{,}981\ 071\ 706$; soit $x > 4$ à l'unité.

Cela signifie que plus de 94 % des personnes obtiennent un contrat de travail au bout de 4 ans.

Partie B

1. Le point le plus haut de la courbe a pour abscisse $x = 5{,}5$.

C'est au bout de 5 ans et demi que le pourcentage de personnes travaillant pour le secteur public est maximal.

$g(5{,}5) = -0{,}7 \times 5{,}5^2 + 7{,}7 \times 5{,}5 + 45 = 66{,}175$.

Ce pourcentage est 66,175 %.

2. $g'(x) = -0{,}7 \times 2x + 7{,}7 = -1{,}4x + 7{,}7$.

$g'(x) > 0$ équivaut successivement à $-1{,}4x + 7{,}7 > 0$; $-1{,}4x > -7{,}7$; $x < \dfrac{7{,}7}{1{,}4}$; $x < 5{,}5$.

Ainsi, pour x appartenant à $\left[\dfrac{1}{12}\ ;\ 5{,}5\right]$, $g'(x) > 0$, donc g est strictement croissante sur $\left[\dfrac{1}{12}\ ;\ 5{,}5\right]$; pour x appartenant à $[5{,}5\ ;\ 8]$, $g'(x) < 0$, donc g est strictement décroissante sur $[5{,}5\ ;\ 8]$.

D'où le tableau de variation de g :

x	$\frac{1}{12}$		5,5		8
Signe de $g'(x)$		+	0	−	
$g(x)$	45,6	↗	66,175	↘	61,8

3. On trace la droite d'équation $y = 65$ sur la figure. Cette droite coupe la courbe aux deux points d'abscisses 4,25 et 6,75 et est située au-dessus de la courbe sur l'intervalle $]4{,}25\ ;\ 6{,}75[$.

Ainsi, ce pourcentage est supérieur à 65 % pendant $6{,}75 - 4{,}25 = 2{,}5$ ans, soit pendant 2 ans et demi.

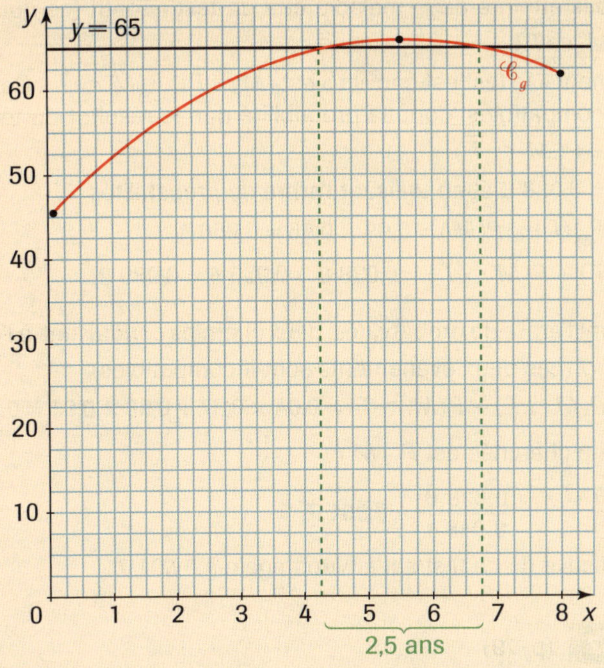

Baccalauréat ST2S, Nouvelle-Calédonie, novembre 2011 (p. 80)

EXERCICE 1 (p. 78)

1. $P(M) = 0{,}04$, $P_M(T) = 0{,}97$ et $P_{\overline{M}}(\overline{T}) = 0{,}99$.

Arbre de probabilités.

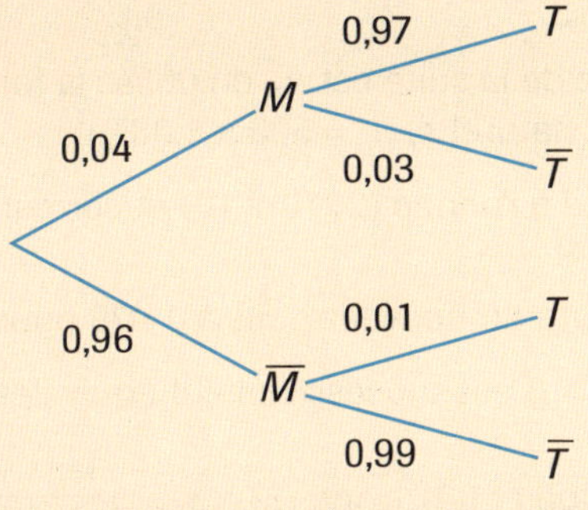

2. $M \cap T$ est l'événement : « la personne choisie est atteinte de la maladie et a un test positif ». $P(M \cap T) = P_M(T) \times P(M) = 0{,}97 \times 0{,}04 = 0{,}038\ 8$.

3. Le résultat du test est correct si la personne choisie est atteinte de la maladie et a un test positif (ce qui correspond à l'événement $M \cap T$) ou si la personne choisie n'est pas atteinte de la maladie et a un test négatif (ce qui correspond à l'événement $\bar{M} \cap \bar{T}$).

Ainsi, l'événement « le test est correct » est $(M \cap T) \cup (\bar{M} \cap \bar{T})$. Ces deux événements sont incompatibles, donc la probabilité que le résultat du test soit correct est $P(M \cap T) + P(\bar{M} \cap \bar{T})$.

Or, $P(M \cap T) = 0{,}038\,8$ et en utilisant l'arbre de probabilités

$P(\bar{M} \cap \bar{T}) = P_{\bar{M}}(\bar{T}) \times P(\bar{M}) = 0{,}99 \times 0{,}96 = 0{,}950\,4$.

Ainsi, $P(M \cap T) + P(\bar{M} \cap \bar{T}) = 0{,}038\,8 + 0{,}950\,4 = 0{,}989\,2$.

4. a) En utilisant l'arbre de probabilités, deux chemins conduisent à l'événement T : $M \cap T$ et $\bar{M} \cap T$ (ces deux événements sont incompatibles).

Ainsi, $P(T) = P(M \cap T) + P(\bar{M} \cap T) = 0{,}04 \times 0{,}97 + 0{,}96 \times 0{,}01 = 0{,}048\,4$.

b) La probabilité cherchée est $P_T(M)$.

$$P_T(M) = \frac{P(M \cap T)}{P(T)} = \frac{0{,}038\,8}{0{,}048\,4} \approx 0{,}801\,7.$$

La valeur prédictive de ce test est environ égale à 0,801 7.

EXERCICE 2 (p. 79)

1. 397 + 429 + 463 + 500 = 1 789. Le nombre de nouveaux cas recensés entre le 1er janvier 2007 et le 31 décembre 2010 est 1 789.

2. On a entré dans la cellule C3 la formule = (C2–B2)/B2.

3. L'énoncé précise que le nombre de nouveaux cas va continuer à augmenter de 8 % par an, soit un coefficient multiplicatif associé égal à 1,08 et $u_{n+1} = 1{,}08u_n$.

La suite (u_n) est une suite géométrique de premier terme $u_0 = 500$ et de raison $q = 1{,}08$.

Comme le premier terme de la suite est u_0, on utilise la formule $u_n = u_0 \times q^n$. Ainsi, pour tout nombre entier naturel n, $u_n = 500 \times 1{,}08^n$.

4. L'année 2020 est égale à l'année (2010 + 10) et correspond à $n = 10$.

$u_{10} = 500 \times 1{,}08^{10} \approx 1\,079$.

On peut estimer le nombre de nouveaux cas à 1 079 pour l'année 2020.

5. a) L'inéquation $1{,}08^x \geqslant 3$ est successivement équivalente à

$$\log(1{,}08^x) \geqslant \log(3)\ ;\ x\log(1{,}08) \geqslant \log(3)\ ;\ x \geqslant \frac{\log(3)}{\log(1{,}08)},\ \text{car } \log(1{,}08) > 0.$$

L'ensemble des solutions de l'inéquation est l'intervalle $\left[\frac{\log(3)}{\log(1{,}08)}\ ;\ +\infty\right[$.

b) On résout l'inéquation $u_n \geqslant 1\,500$, équivalente à $500 \times 1{,}08^n \geqslant 1\,500$, soit $1{,}08^n \geqslant \dfrac{1\,500}{500}$, c'est-à-dire $1{,}08^n \geqslant 3$.

D'après la question précédente, $1{,}08^n \geqslant 3$ pour $n \geqslant \dfrac{\log(3)}{\log(1{,}08)}$.

Or, $\dfrac{\log(3)}{\log(1{,}08)} = 14{,}274\,9\ldots$.

On peut donc estimer que le nombre de nouveaux cas dépassera 1 500 en $2010 + 15 = 2025$.

6. a) $\displaystyle\sum_{n=1}^{11} u_n = u_1 + u_2 + \ldots + u_{11} = u_1 \times \frac{1-q^{11}}{1-q} = 540 \times \frac{1-1{,}08^{11}}{1-1{,}08} \approx 8\,989$

(car $u_1 = 500 \times 1{,}08 = 540$).

b) En utilisant les réponses obtenues aux questions **1.** et **6. a)**, une estimation du nombre total de personnes qui auront contracté la maladie des années 2007 à 2021 est $1\,789 + 8\,989 = 10\,778$.

EXERCICE 3 (p. 80)

Partie A

1. $1{,}2 > 1$, donc la fonction f est strictement croissante sur l'intervalle $[0\,;3]$.

2. Pour $t = 1{,}5$, $f(1{,}5) = 1{,}2^{1{,}5} \approx 1{,}315$ et pour $t = 3$, $f(3) = 1{,}2^3 = 1{,}728$.

Il y a environ 13 150 bactéries présentes dans la culture au bout d'une heure et demie et 17 280 bactéries présentes dans la culture au bout de trois heures.

Partie B

1. $g(7{,}5) = -0{,}153\,6 \times 7{,}5^2 + 1{,}228\,8 \times 7{,}5 - 0{,}576 = 0$.

Au bout de sept heures et demie, il ne reste plus de bactéries dans la culture.

2. $g'(t) = -0{,}307\,2t + 1{,}228\,8$.

3. L'inéquation $g'(t) \geqslant 0$ est successivement équivalente à

$-0{,}307\,2t + 1{,}228\,8 \geqslant 0\,;\; -0{,}307\,2t \geqslant -1{,}228\,8\,;$

$t \leqslant \dfrac{-1{,}228\,8}{-0{,}307\,2}\,;\; t \leqslant \dfrac{1{,}228\,8}{0{,}307\,2}\,;\; t \leqslant 4.$

L'ensemble des solutions de l'inéquation $g'(t) \geqslant 0$, dans $[3\,;7{,}5]$, est $[3\,;4]$.

Comme $g'(t) > 0$ sur $[3\,;4[$, g est strictement croissante sur $[3\,;4[$.

Comme $g'(t) < 0$ sur $]4\,;7{,}5]$, g est strictement décroissante sur $]4\,;7{,}5]$.

4. La fonction g est strictement croissante sur $[3\,;4[$, donc au cours de la première heure suivant l'introduction de l'antibiotique, c'est-à-dire sur l'intervalle $[3\,;4]$, le nombre de bactéries augmente.

La fonction g est strictement décroissante sur $]4\ ;\ 7{,}5]$, donc au cours des trois heures et demie suivantes, c'est-à-dire sur l'intervalle $[4\ ;\ 7{,}5]$, le nombre de bactéries diminue.

5. $g(4) = -0{,}153\,6 \times 4^2 + 1{,}228\,8 \times 4 - 0{,}576 = 1{,}881\,6$ est le maximum de g sur $[3\ ;\ 7{,}5]$. Comme le maximum est inférieur à 2, on en déduit que, pour tout t de $[3\ ;\ 7{,}5]$, $g(t) < 2$.

Ainsi, l'introduction de l'antibiotique a permis d'éviter que le nombre de bactéries atteigne 20 000.

Baccalauréat ST2S, Métropole, juin 2012 (p. 82)

EXERCICE 1 (p. 82)

1. a) Parmi les 1 000 personnes interrogées, 600 appartiennent à une catégorie socioprofessionnelle moyenne ou défavorisée.

Ainsi, $P(A) = \dfrac{600}{1\,000} = 0{,}6$.

Parmi les 1 000 personnes interrogées, 790 ont entendu parler de la biodiversité.

Ainsi, $P(B) = \dfrac{790}{1\,000} = 0{,}79$.

b) $A \cap B$ est l'événement « la personne choisie appartient à une catégorie socioprofessionnelle moyenne ou défavorisée et a entendu parler de la biodiversité ».

$A \cup B$ est l'événement « la personne choisie appartient à une catégorie socioprofessionnelle moyenne ou défavorisée ou a entendu parler de la biodiversité ».

Parmi les 1 000 personnes interrogées, 430 appartiennent à une catégorie socioprofessionnelle moyenne ou défavorisée et ont entendu parler de la biodiversité.

Ainsi, $P(A \cap B) = \dfrac{430}{1\,000} = 0{,}43$. On en déduit :

$P(A \cup B) = P(A) + P(B) - P(A \cap B) = 0{,}6 + 0{,}79 - 0{,}43 = 0{,}96$.

2. a) La probabilité cherchée est $P_A(B)$. $P_A(B) = \dfrac{P(A \cap B)}{P(A)} = \dfrac{0{,}43}{0{,}60} \approx 0{,}72$.

b) $P_B(A) = \dfrac{P(A \cap B)}{P(B)} = \dfrac{0{,}43}{0{,}79} \approx 0{,}54$.

EXERCICE 2 (p. 83)

Partie A **1. a)** $\dfrac{496 - 480}{480} \approx 3{,}3\ \%$. Le taux d'évolution de la production de déchets municipaux, en kg par habitant, entre l'année 2001 et 2002 est environ égal à 3,3 %.

b) On doit entrer dans la cellule C4 la formule = (C3–B3)/B3.

2. a) Représentation du nuage de points.

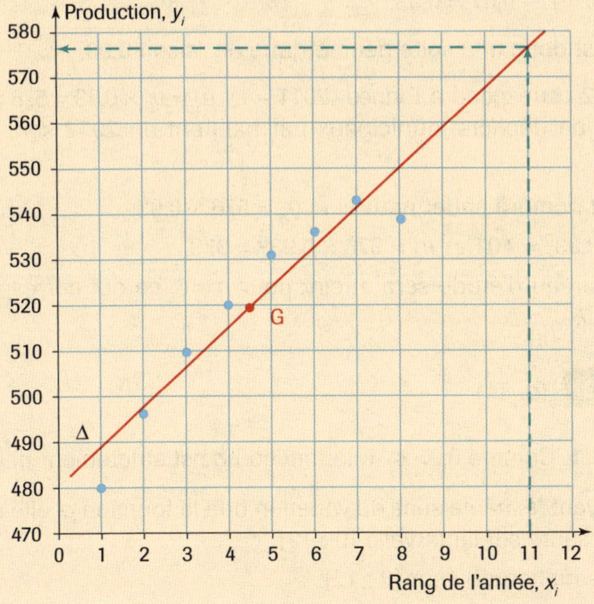

b) G a pour abscisse $\overline{x} = \dfrac{1+2+3+4+5+6+7+8}{8} = 4{,}5$ et pour ordonnée

$$\overline{y} = \frac{480+496+510+520+531+536+543+539}{8} = 519{,}375.$$

Les coordonnées du point moyen G de ce nuage de points sont (4,5 ; 519,375).
Voir la figure.

c) Pour $x = 1$, $y = 8{,}77 \times 1 + 479{,}91 = 488{,}68$;
pour $x = 7$, $y = 8{,}77 \times 7 + 479{,}91 = 541{,}3$.
Ainsi, Δ passe par les points de coordonnées (1 ; 488,68) et (7 ; 541,3).
Voir la figure pour le tracé de Δ.

d) L'année 2011 correspond au rang de l'année $x = 11$.
Pour $x = 11$, on lit $y \approx 576$. La production de déchets municipaux par habitant pour l'année 2011 peut être estimée à environ 576 kg.
Voir la figure.

Partie B **1. a)** L'énoncé précise que la production de déchets municipaux va diminuer de 7 % par habitant et par an, soit un coefficient multiplicatif associé égal à $1 - 7\,\% = 1 - 0{,}07 = 0{,}93$.

La suite (u_n) est donc une suite géométrique de raison 0,93.

b) L'année 2012 correspond à l'année (2011 + 1). $u_1 = u_0 \times 0{,}93 = 576 \times 0{,}93 = 535{,}68$. La production de déchets municipaux par habitant en 2012 sera environ égale à 536 kg.

2. a) Pour tout nombre entier naturel n, $u_n = 576 \times 0{,}93^n$.

b) $u_5 = 576 \times 0{,}93^5 = 401$ et $u_6 = 576 \times 0{,}93^6 = 373$.

L'objectif du bureau d'étude sera atteint pour $n = 6$, ce qui correspond à l'année $2011 + 6 = 2017$.

EXERCICE 3 (p. 84)

Partie A **1.** Comme $0{,}97 < 1$, la fonction g est strictement décroissante.

La fonction f ayant le même sens de variation que la fonction g, elle est donc strictement décroissante sur l'intervalle [0 ; 12].

2. Tableau de variation de f sur [0 ; 12].

x	0	12
Signe de $f'(x)$	−	
$f(x)$	14 ↘	9,7

$f(0) = 14 \times 0{,}97^0 = 14$.

$f(12) = 14 \times 0{,}97^{12} \approx 9{,}7$.

3. Tableau de valeurs arrondies au dixième.

x	1	2	3	4	5	6	7	8	9	10	11	12
$f(x)$	13,6	13,2	12,8	12,4	12,0	11,7	11,3	11,0	10,6	10,3	10,0	9,7

Partie B **1. a)** Pour $x = 5$, on a $f(5) \approx 12$.

b) Pour $y = 11{,}5$, on lit $x \approx 6{,}5$, soit au cours de l'année de rang 6, c'est-à-dire en 2013.

c) Pour $y = 12{,}75$, on lit $x \approx 3$. Ainsi $y < 12\,750$ pour $x \geqslant 4$, soit à partir de l'année de rang 4, c'est-à-dire en 2011.

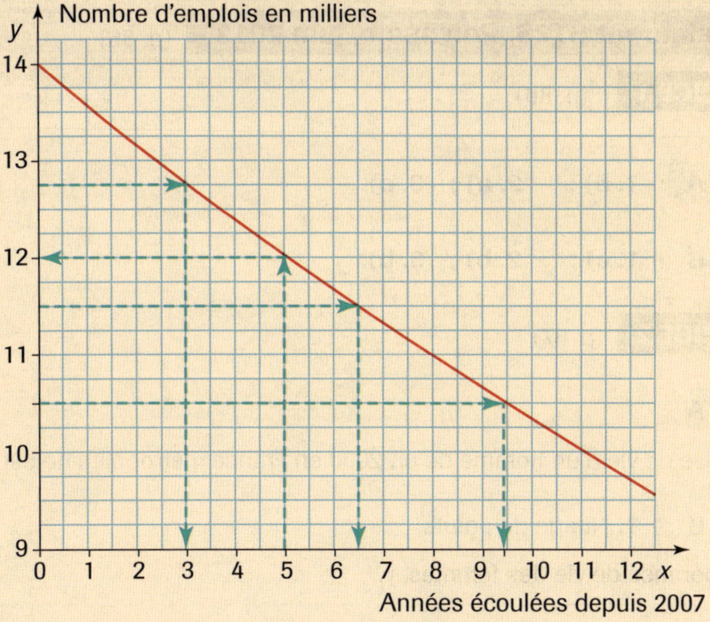

2. L'inéquation $f(x) \leqslant 10$ est successivement équivalente à

$14 \times 0{,}97^x \leqslant 10$; $0{,}97^x \leqslant \dfrac{10}{14}$; $\log(0{,}97^x) \leqslant \log\left(\dfrac{10}{14}\right)$;

$x \log(0{,}97) \leqslant \log\left(\dfrac{10}{14}\right)$; $x \geqslant \dfrac{\log\left(\frac{10}{14}\right)}{\log(0{,}97)}$, car $\log(0{,}97) < 0$.

De plus, $\dfrac{\log\left(\frac{10}{14}\right)}{\log(0{,}97)} \approx 11$.

L'ensemble des solutions de l'inéquation est l'intervalle $\left[\dfrac{\log\left(\frac{10}{14}\right)}{\log(0{,}97)} \,;\, 12\right]$ ou encore [11 ; 12].

Le nombre d'emplois créés deviendra inférieur à 10 000 à partir de l'année 2018.

3. L'année 2007, le nombre d'emplois créés était 14 milliers.

$14 \times (1 - 0{,}25) = 10{,}5$.

Graphiquement, pour $y = 10{,}5$, on lit $x \approx 9{,}4$ soit au cours de l'année 9, c'est-à-dire à partir de l'année de rang 10.

Ainsi, le nombre d'emplois créés aura diminué de 25 % par rapport à l'année 2007 à partir de 2017.

Baccalauréat ST2S, Polynésie, juin 2012 (p. 86)

EXERCICE 1 (p. 86)

Partie A **1. b) ; 2. a) ; 3. c).**

Partie B **1. c) ; 2. b) ; 3. b).**

EXERCICE 2 (p. 87)

Partie A

L'espérance de vie d'un homme né en 2000 en France métropolitaine est 75,3 ans.

Partie B **1.** Nuage de points.

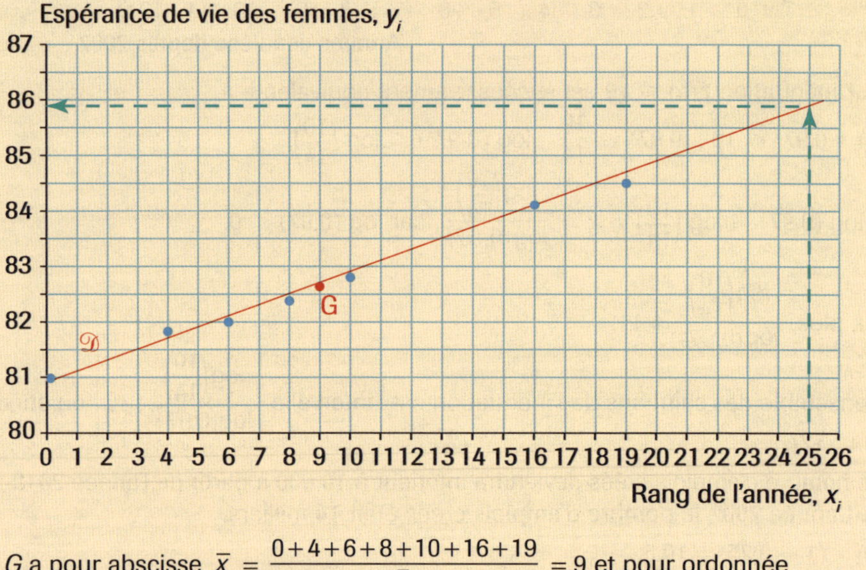

2. G a pour abscisse $\overline{x} = \dfrac{0+4+6+8+10+16+19}{7} = 9$ et pour ordonnée

$$\overline{y} = \frac{81+81{,}8+82+82{,}4+82{,}8+84{,}1+84{,}5}{7} \approx 82{,}7.$$

Les coordonnées du point moyen G de ce nuage de points sont, arrondies à 0,1 près, (9 ; 82,7).

3. Le coefficient directeur de $\mathscr{D}$ est $m = 0{,}2$, donc l'équation réduite de $\mathscr{D}$ est de la forme $y = 0{,}2x + p$.

Le point $G(9\,;\,82{,}7)$ appartient à la droite, donc ses coordonnées vérifient l'équation réduite de la droite : $82{,}7 = 0{,}2 \times 9 + p$, soit $p = 82{,}7 - 0{,}2 \times 9 = 80{,}9$.

$\mathcal{D}$ a pour équation réduite $y = 0{,}2x + 80{,}9$.

4. Voir la figure pour le tracé de G et de $\mathcal{D}$.

a) Pour $x = 25$, on lit $y \approx 86$.

L'espérance de vie d'une femme née en 2015 en France métropolitaine est environ 86 ans.

b) On résout l'équation $0{,}2x + 80{,}9 = 86{,}5$, successivement équivalente à $0{,}2x = 86{,}5 - 80{,}9$; $x = \dfrac{86{,}5 - 80{,}9}{0{,}2} = 28$.

L'année de naissance d'une femme qui pourra envisager une espérance de vie de 86 ans et demi est $1990 + 28 = 2018$.

EXERCICE 3 (p. 88)

Partie A **1.** $f(1) = 3 \times 0{,}86 = 2{,}58$. Graphiquement, pour $x = 1$, on lit $y \approx 2{,}6$ (voir la figure).

Au bout de 1 heure, la quantité de médicament présente dans le sang de la malade est 2,58 cm^3.

2. Pour $y = 1{,}5$, on lit $x \approx 4{,}6$ (voir la figure).

3. a) $f(8) = 3 \times 0{,}86^8 \approx 0{,}9$. La quantité de médicament restant dans le sang de la malade au bout de 8 heures est environ égale à 0,9 cm^3.

b) $\dfrac{0{,}9}{3} = 0{,}3$. Cette quantité représente 30 % de la quantité initialement injectée.

4. On résout l'équation $f(t) = 1{,}5$, successivement équivalente à

$3 \times 0{,}86^t = 1{,}5$; $0{,}86^t = 0{,}5$; $\log(0{,}86^t) = \log(0{,}5)$; $t\log(0{,}86) = \log(0{,}5)$;

$t = \dfrac{\log(0{,}5)}{\log(0{,}86)} \approx 4{,}60$.

Le temps nécessaire pour que la quantité de médicament dans le sang de la malade diminue de moitié est environ égal à 4,6 heures, c'est-à-dire 4 heures et $0{,}6 \times 60 = 36$ minutes. On retrouve le résultat de la question **2.**

Partie B La vitesse d'évolution de la quantité de médicament au bout de 4 heures correspond à $f'(4)$, soit graphiquement au coefficient directeur de la tangente à la courbe représentative de f au point d'abscisse 4.

On lit $f'(4) \approx -0{,}25$; la vitesse d'évolution de la quantité de médicament au bout de 4 heures est $-0{,}25$ cm^3 par heure, ce qui correspond à une diminution de 0,25 cm^3 par heure.

Partie C **1.** $g(0) = 5$ équivaut à $k \times a^0 = 5$, soit $k = 5$.

Ainsi, $g(t) = 5 \times a^t$.

2. $g(1) = 4{,}45$ équivaut successivement à $5 \times a^1 = 4{,}45$; $a = \frac{4{,}45}{5}$;
$a = 0{,}89$.

Ainsi, $g(t) = 5 \times 0{,}89^t$.

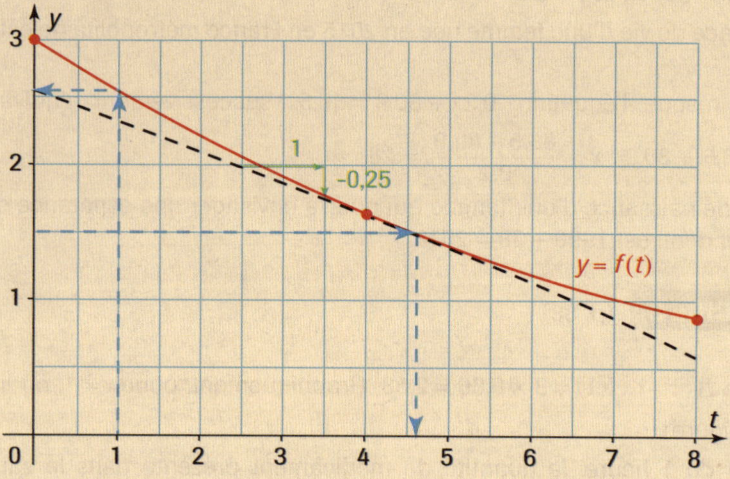

N° d'éditeur : 10243871 – JOUVE
Dépôt légal : juillet 2018
Imprimé en France par l'imprimerie CLERC.
N° d'imprimeur : 14677

SOMMAIRE

Droites

Représentation graphique d'une droite

• Pour tracer la droite d'équation réduite $y = ax + b$ $(a \neq 0)$, de coefficient directeur a et d'ordonnée à l'origine b, on trace la droite passant par le point de coordonnées $(0\ ;\ b)$ et de coefficient directeur a.

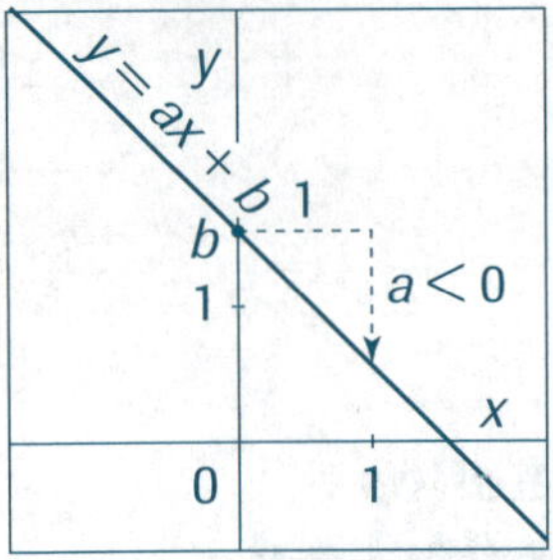

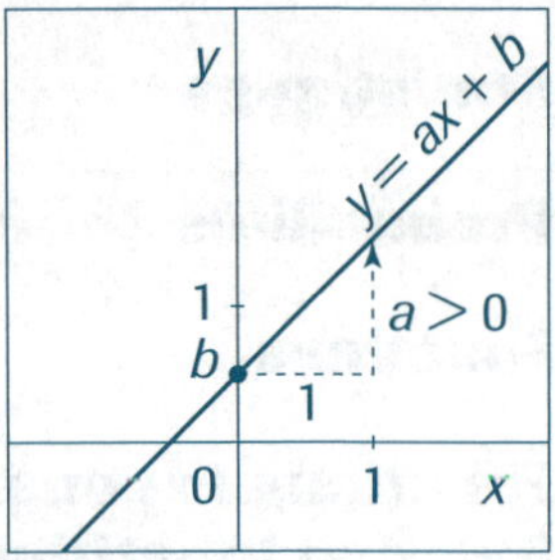

• La droite d'équation $y = d$ passe par le point de coordonnées $(0\ ;\ d)$ et est parallèle à l'axe des abscisses.

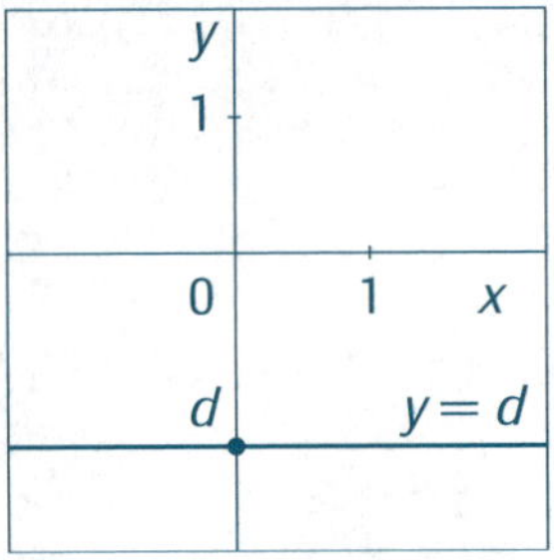

• La droite d'équation $x = c$ passe par le point de coordonnées $(c\ ;\ 0)$ et est parallèle à l'axe des ordonnées.

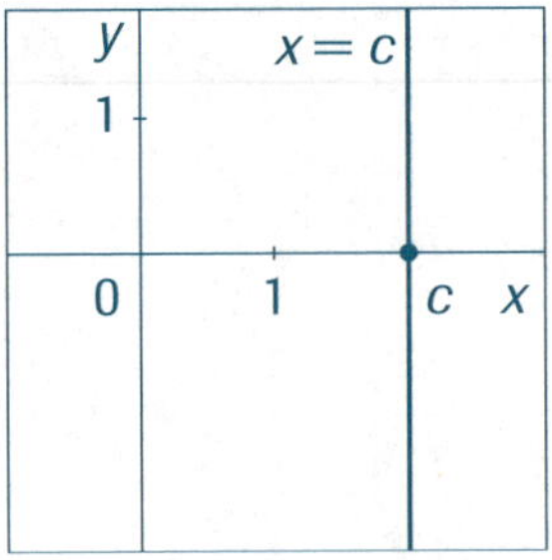

Équation réduite d'une droite, coefficient directeur

Soit $A(x_A ; y_A)$ et $B(x_B ; y_B)$ deux points distincts d'une droite.

Pour déterminer l'équation réduite de la droite passant par A et B :

- on calcule le coefficient directeur $a = \dfrac{y_B - y_A}{x_B - x_A}$;
- on détermine l'ordonnée à l'origine b en résolvant l'équation d'inconnue b :

$y_A = a \times x_A + b$ (ou $y_B = a \times x_B + b$), soit $b = y_A - a \times x_A$ (ou $b = y_B - a \times x_B$).

Droites parallèles

Deux droites parallèles ont le même coefficient directeur.

Pourcentages

Pourcentage

• La proportion (ou fréquence) p d'une grandeur A par rapport à une grandeur totale B est $p = \frac{A}{B}$.

• Une proportion p peut s'écrire sous forme fractionnaire, décimale ou de pourcentage.

• Prendre un pourcentage p d'une grandeur A revient à calculer $p \times A$, où p est écrit sous forme décimale.

Taux d'évolution

• Le taux d'évolution (ou « pourcentage d'évolution » ou « variation relative ») de y_1 à y_2 est le nombre $t = \frac{y_2 - y_1}{y_1}$, où t est un nombre réel supérieur à -1 qui peut être écrit sous forme fractionnaire, décimale ou de pourcentage.

• Si le taux est un nombre positif, l'évolution de y_1 à y_2 est une hausse ; si le taux est un nombre négatif, l'évolution de y_1 à y_2 est une baisse.

Coefficient multiplicatif

• Le coefficient multiplicatif de y_1 à y_2 est le nombre $1 + t$.

• L'égalité reliant y_2 à y_1 et t s'écrit $y_2 = (1 + t)y_1$, où $(1 + t)$ est appelé le coefficient multiplicatif de y_1 à y_2.

• Le coefficient multiplicatif est un nombre strictement positif : s'il est inférieur à 1, l'évolution de y_1 à y_2 est une baisse ; s'il est supérieur à 1, l'évolution de y_1 à y_2 est une hausse.

• Le coefficient multiplicatif c et le taux d'évolution t sont liés par l'égalité $t = c - 1$.

Suites arithmétiques

Relation entre deux termes consécutifs

Soit (u_n) une suite.

Si pour tout nombre entier naturel n, on a $u_{n+1} - u_n = a$, où a est un nombre réel non nul, alors (u_n) est une suite arithmétique de raison a.

Terme de rang *n*

Soit (u_n) une suite arithmétique de raison a.

- Si u_0 est le premier terme de la suite, alors :

$$u_n = u_0 + na.$$

- Si u_1 est le premier terme de la suite, alors :

$$u_n = u_1 + (n - 1)a.$$

Représentation graphique et sens de variation

Soit (u_n) une suite arithmétique de raison a.

- Dans le plan rapporté à un repère, les points de coordonnées $(n\ ;\ u_n)$ de la suite (u_n) sont situés sur une droite.
- Si $a > 0$, la droite « monte » et la suite (u_n) est strictement croissante.

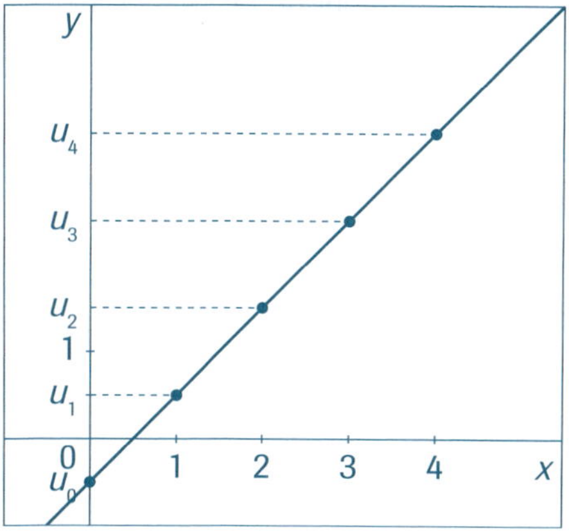

Si $a < 0$, la droite « descend » et la suite (u_n) est strictement décroissante.

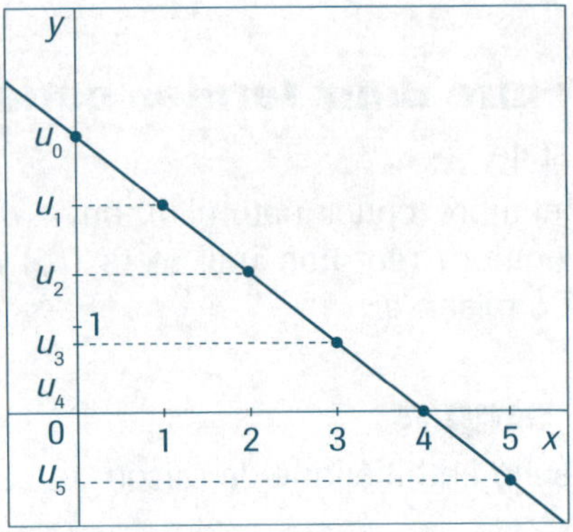

Si $a = 0$, la droite est parallèle à l'axe des abscisses et la suite (u_n) est constante.

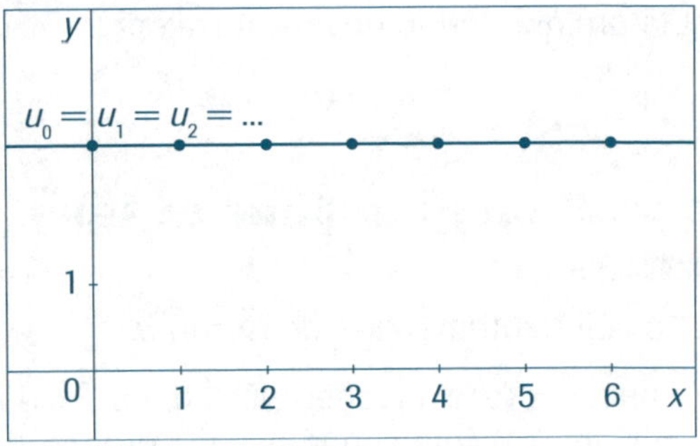

Somme de termes consécutifs

Soit (u_n) une suite arithmétique de raison a.

- La somme S de termes consécutifs d'une suite arithmétique est :

$$S = \text{nombre de termes de } S \times \frac{\text{premier terme de } S + \text{dernier terme de } S}{2}$$

- Si $S = u_0 + u_1 + u_2 + \dots + u_n$, alors $S = (n+1) \times \dfrac{u_0 + u_n}{2}$.

Si $S = u_1 + u_2 + u_3 + \dots + u_n$, alors $S = n \times \dfrac{u_1 + u_n}{2}$.

Suites géométriques

Relation entre deux termes consécutifs

Soit (u_n) une suite.

Si pour tout nombre entier naturel n, on a $u_{n+1} = b \times u_n$, où b est un nombre réel strictement positif, alors (u_n) est une suite géométrique de raison b.

Terme de rang *n*

Soit (u_n) une suite géométrique de raison $b > 0$.

- Si u_0 est le premier terme de la suite, alors :

$$u_n = u_0 \times b^n.$$

- Si u_1 est le premier terme de la suite, alors :

$$u_n = u_1 \times b^{n-1}.$$

Représentation graphique et sens de variation

Soit (u_n) une suite géométrique de raison $b > 0$.

- Dans le plan rapporté à un repère, les points de coordonnées $(n\,;\,u_n)$ de la suite (u_n) sont situés sur une courbe exponentielle.

- Si $b > 1$, la courbe « monte » et la suite (u_n) est strictement croissante.

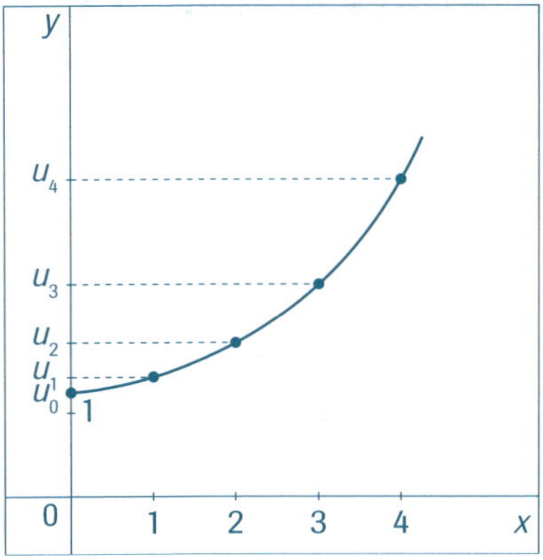

SUITES GÉOMÉTRIQUES

Si $b < 1$, la courbe « descend » et la suite (u_n) est strictement décroissante.

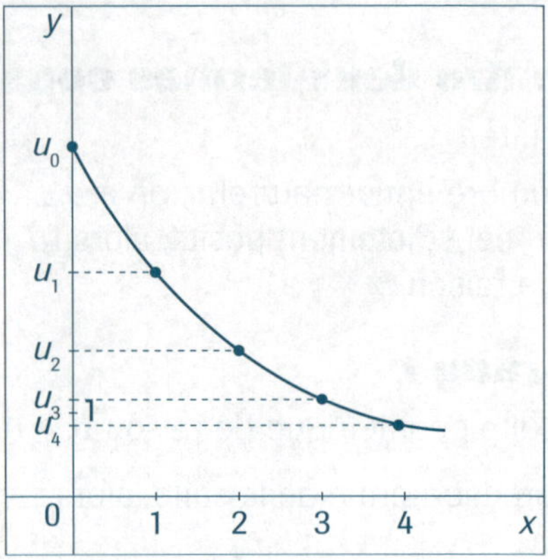

Si $b = 1$, la courbe est une droite parallèle à l'axe des abscisses et la suite (u_n) est constante.

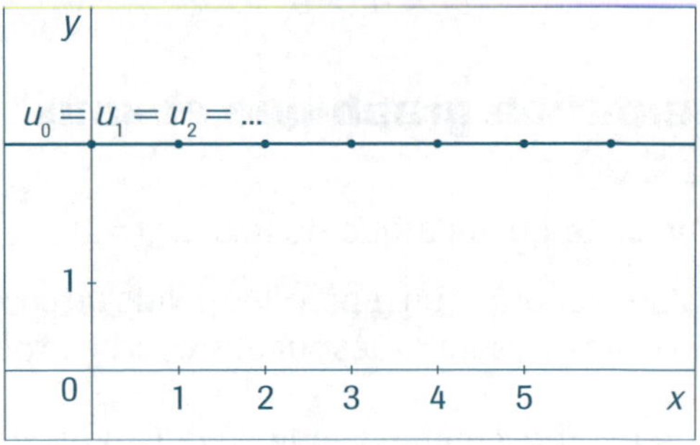

Somme de termes consécutifs

Soit (u_n) une suite géométrique de raison $b \neq 1$.

- La somme S de termes consécutifs d'une suite géométrique est :

$S = 1^{\text{er}}$ terme de $S \times \dfrac{b^{\text{nombre de termes de } S} - 1}{b - 1}$.

- Si $S = u_0 + u_1 + u_2 + ... + u_n$, alors $S = u_0 \times \dfrac{b^{n+1} - 1}{b - 1}$.

Si $S = u_1 + u_2 + u_3 + ... + u_n$, alors $S = u_1 \times \dfrac{b^n - 1}{b - 1}$.

Statistiques

Série statistique à deux variables

• Une série statistique à deux variables x et y est l'ensemble des N couples $(x_1 ; y_1)$, $(x_2 ; y_2)$, ..., $(x_N ; y_N)$ de valeurs numériques prises par les variables x et y.

• Le tableau de données d'une série statistique à deux variables peut se présenter en lignes ou en colonnes.

Variable x_i	x_1	x_2	...	x_N
Variable y_i	y_1	y_2	...	y_N

Variable x_i	**Variable y_i**
x_1	y_1
x_2	y_2
...	...
x_N	y_N

Nuage de points et point moyen

• Dans le plan rapporté à un repère orthogonal, le nuage de points d'une série statistique à deux variables x et y, est l'ensemble des N points de coordonnées $(x_1 ; y_1)$, ... , $(x_N ; y_N)$.

• Le point moyen du nuage est le point de coordonnées $(\overline{x} ; \overline{y})$, où $\overline{x}$ est la moyenne des N abscisses x_i et $\overline{y}$ est la moyenne des N ordonnées y_i.

$$\overline{x} = \frac{x_1 + x_2 + ... + x_N}{N} \text{ et } \overline{y} = \frac{y_1 + y_2 + ... + y_N}{N}.$$

Point moyen obtenu avec une calculatrice

■ Calculatrices de modèle CASIO

• Appuyer sur les touches [MENU] [STAT] [EXE].

• Effacer toutes les données des listes avant d'entrer de nouvelles valeurs : le curseur étant positionné sur le nom d'une liste appuyer sur les touches [▶] DEL–A YES pour effacer toutes les données de cette liste.

• Entrer les valeurs x_i dans List 1 et les valeurs y_i dans List 2.

• Appuyer sur les touches CALC SET, puis sur la ligne 2Var X :, sélectionner List 1 ; sur la ligne 2Var Y :, sélectionner List 2.

• Appuyer sur les touches [EXE] [2VAR] et lire sur l'écran l'abscisse $\overline{x}$ et l'ordonnée $\overline{y}$ du point moyen.

■ Calculatrices de modèle TI

• Appuyer sur les touches [stats] [entrer].

• Effacer toutes les données des listes avant d'entrer de nouvelles valeurs : le curseur étant positionné sur le nom d'une liste, appuyer sur les touches [annul] [entrer] pour effacer toutes les données de cette liste.

• Entrer les valeurs x_i dans L1 et les valeurs y_i dans L2.
– Appuyer sur les touches [stats] ➢ (CALC), se positionner sur la ligne Stats 2–Var, taper [entrer], puis [2nde] [1] [,] [2nde] [2] [entrer] et lire sur l'écran l'abscisse $\overline{x}$ et l'ordonnée $\overline{y}$ du point moyen.

Ajustement affine ; estimations

• Lorsque les points du nuage sont sensiblement alignés, la forme du nuage de points indique une liaison affine entre les variables x et y.

Il est alors possible de tracer une droite qui passe de façon équilibrée par les points du nuage.

Cette droite, d'équation réduite $y = ax + b$ est une droite d'ajustement du nuage de points.

• En supposant que l'évolution observée se poursuive, la droite d'ajustement d'équation réduite $y = ax + b$ permet de réaliser des estimations.

Les estimations s'effectuent par lecture graphique ou par le calcul en utilisant l'équation de la droite d'ajustement.

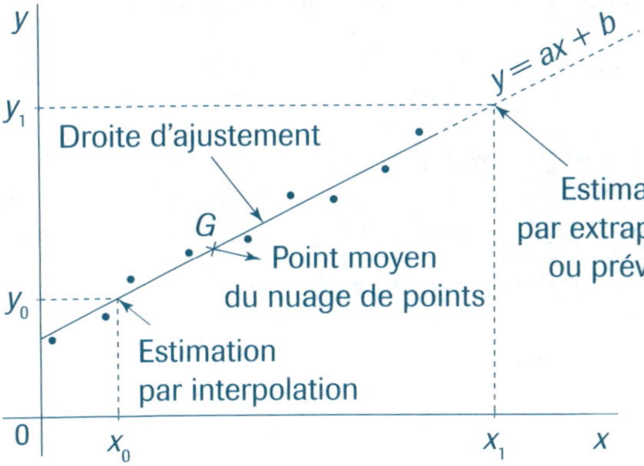

Probabilités

On considère deux événements A et B d'un univers Ω.

- $p(\overline{A}) = 1 - p(A)$.

- $p(A \cup B) = p(A) + p(B) - p(A \cap B)$.

Si A et B sont incompatibles, c'est à dire si $A \cap B = \varnothing$, alors $p(A \cup B) = p(A) + p(B)$.

- Dans le cas d'équiprobabilité, c'est–à–dire quand tous les événements élémentaires ont la même probabilité, on a :

$$p(A) = \frac{\text{nombre d'issues favorables à } A}{\text{nombre d'issues possibles}}.$$

- La probabilité de A sachant B est définie si

$p(B) \neq 0$ par $p_B(A) = \dfrac{p(A \cap B)}{p(B)}$.

- $p(A \cap B) = p(B) \times p_B(A)$ si $p(B) \neq 0$

ou $p(A \cap B) = p(A) \times p_A(B)$ si $p(A) \neq 0$.

- A et B indépendants est équivalent à

$p(A \cap B) = p(A) \times p(B)$.

Tableau de valeurs et courbe obtenus à la calculatrice

■ Calculatrices de modèle CASIO

• Entrer l'expression d'une fonction *f*(*x*)

Dans le MENU TABLE ou GRAPH :

– écrire l'expression de la fonction sur la ligne Y1 : (la variable *x* s'écrit avec la touche X, θ, T) ;

– taper EXE.

• Créer un tableau de valeurs de *f*

Dans le MENU TABLE RANG :

– sur la ligne Start :, entrer la valeur minimale de *x*, sur la ligne End :, entrer la valeur maximale de *x* et sur la ligne pitch :, entrer le pas entre deux valeurs de *x* ;

– appuyer sur les touches EXE TABL pour obtenir le tableau de valeurs.

• Tracer sur l'écran la courbe représentative de *f*

Dans le MENU GRAPH SHIFT F3 (V–Window) :

– sur la ligne Xmin :, entrer la valeur minimale de *x*, sur la ligne max :, entrer la valeur maximale de *x* et sur la ligne scale :, entrer le pas de graduation entre deux valeurs de *x* ;

– sur la ligne Ymin :, entrer la valeur minimale de *y*, sur la ligne max :, entrer la valeur maximale de *y* et sur la ligne scale :, entrer le pas de graduation entre deux valeurs de *y* ;

– appuyer sur les touches EXE DRAW pour tracer le graphique sur l'écran ;

– appuyer sur les touches SHIFT F1 (Trace) pour obtenir les coordonnées d'un point mobile sur la courbe ;

– positionner le point mobile sur une région de l'écran et appuyer sur les touches SHIFT F2 (Zoom) IN pour agrandir le graphique ou OUT pour le réduire.

■ Calculatrices de modèle TI

• Entrer l'expression d'une fonction $f(x)$

– Appuyer sur la touche [f(x)] ;
– écrire l'expression de la fonction sur la ligne Y1 = (la variable x s'écrit avec la touche [X, T, , n]) .

• Créer un tableau de valeurs de f

– Appuyer successivement sur les touches [2nde] [fenêtre] (def table) ;
– sur la ligne DébTable =, entrer la valeur minimale de x et sur la ligne PasTable = le pas entre deux valeurs de x ;
– appuyer sur les touches [2nde] [graphe] (table) pour obtenir le tableau de valeurs.

• Tracer sur l'écran la courbe représentative de f

– Appuyer sur la touche [fenêtre] ;
– sur la ligne Xmin= , entrer la valeur minimale de x, sur la ligne Xmax , entrer la valeur maximale de x et sur la ligne Xgrad= , entrer le pas de graduation entre deux valeurs de x.
– sur la ligne Ymin= , entrer la valeur minimale de y, sur la ligne Ymax , entrer la valeur maximale de y et sur la ligne Ygrad= , entrer le pas de graduation entre deux valeurs de y ;
– appuyer sur la touche [graphe] pour tracer le graphique sur l'écran ;
– appuyer sur la touche [trace] pour obtenir les coordonnées d'un point mobile sur la courbe ;
– positionner le point mobile sur une région de l'écran et appuyer sur les touches [zoom] 2 : Zoom pour agrandir le graphique ou 3 : Zoom – pour le réduire.

Dérivées des fonctions de référence

$f(x) =$	$f'(x) =$
k (constante)	0
x	1
x^2	$2x$
x^3	$3x^2$
$\frac{1}{x}$	$-\frac{1}{x^2}$
x^n	nx^{n-1}
$\sqrt{x}$	$\frac{1}{2\sqrt{x}}$

Opérations sur les dérivées

- $(u+v)' = u' + v'$.
- $(u-v)' = u' - v'$.
- $(ku)' = ku'$.

Sens de variation d'une fonction

On présente les variations d'une fonction dans un tableau de variation : la flèche dirigée vers le haut indique que la fonction est strictement croissante, la flèche dirigée vers le bas indique que la fonction est strictement décroissante.

Valeurs de x	a	b
Signe de $f'(x)$	+	
Sens de variation de f	↗	

Valeurs de x	a	b
Signe de $f'(x)$	–	
Sens de variation de f	↘	

Fonctions exponentielles ; fonction logarithme décimal

Fonctions exponentielles

Soit a un nombre réel strictement positif.

• La fonction qui, à tout nombre réel x, associe le nombre réel strictement positif a^x est appelée fonction exponentielle de base a.

• La fonction $x \mapsto a^x$, définie sur $\mathbb{R}$ est strictement décroissante si $0 < a < 1$ et strictement croissante si $a > 1$.

Fonction logarithme décimal

• La fonction logarithme décimal, notée log, est la fonction définie sur $]0\ ;+\infty[$ telle que pour tout nombre réel x, $\log(10^x) = x$.

• Valeurs remarquables : $\log(1) = 0$ et $\log(10) = 1$.

• La fonction log est strictement croissante sur $]0\ ;+\infty[$.

• Pour $a > 0$, $b > 0$, $\log(a) = \log(b)$ équivaut à $a = b$;

$\log(a) < \log(b)$ équivaut à $a < b$.

• Pour $a > 0$, $b > 0$ et tout x, $\log(ab) = \log(a) + \log(b)$;

$\log(a^x) = x\log(a)$.

Équation $a^x = b$

a et b sont des nombres réels strictement positifs et $a \neq 1$.

L'équation $a^x = b$ a une solution dans $\mathbb{R}$, le nombre $\dfrac{\log(b)}{\log(a)}$.